KB078613

블랙홀

차례

Contents

검은 구멍

블랙홀 왜 검을까

블랙홀(black hole)은 초등학생도 그 이름을 알 정도로 유명한 '스타'다. 왜 그렇게 유명한 걸까? 우주에서 가장 비밀스런 존재라는 점이 우리의 호기심과 함께 무한한 상상력을 자아내기에 충분하기 때문이다. 주변 물질은 물론 가장 빠르다는 빛조차 빨아들이는 신비로움도 블랙홀의 명성에 한껏 스포트라이트를 비춘다.

믿기 힘들겠지만 비밀스럽고 신비로운 이 천체는 현재의 인기에 걸맞지 않게 최근에야 블랙홀이라는 그럴싸한 이름을 얻었다. 1969년에 미국의 물리학자 존 휠러(John Wheeler)가 처음

붙여주었던 덕분이다. 그전까지는 '얼어붙은 별(frozen star)' '붕괴된 별(collapsed star)' 등의 괴상한 이름으로 불렸다. 블랙홀은 원어 그대로 해석하면 '검은 구멍'이란 뜻이다. 어째서 하필 검은 구멍이라고 했을까? 왜 검은 구멍인지를 이해하기 위해 검다는 사실과 구멍이라는 사실로 나눠 살펴보는 게 좋겠다. 이 과정에서 자연히 블랙홀의 실체를 만날 수 있다.

먼저 블랙홀이 왜 검은지를 알아보자. 보통 별은 중심부에서 가스를 태우며 스스로 빛을 내기 때문에 밤하늘에서 반짝반짝 빛난다. 어떤 별이든 빛을 통해 자신의 존재를 뽐내는 것이다. 그런데 블랙홀은 마치 '우주의 진공청소기'처럼 물질은 기본이고 빛조차 꿀꺽 삼켜버린다. 빛을 내지 못하니 블랙홀이 검게 보이는 것은 당연할 수밖에 없다. 블랙홀은 어마어마하게 강력한 중력을 지니고 있기 때문에 빛이 빠져나가지 못한다.

빛조차 탈출할 수 없을 정도로 강한 중력이란 어느 정도일까 잘 상상이 가지 않는다. 좀더 쉽게 설명해보겠다. 땅에 서서 하늘을 향해 야구공을 던진다고 생각해 보라. 하늘로 던진 야구공은 어느 정도까지 올라갔다가 다시 떨어진다. 한때 미국 프로야구 메이저리그에서 잘나가던 시절의 박찬호 선수가 시속 150㎞가 넘는 강속구로 던지더라도 더 높이 올라가기는 커녕 다시 땅으로 떨어지기는 마찬가지다. 그렇다면 얼마나 빠르게 던져야 땅으로 떨어지지 않을까? 야구공이 지구 표면에서 탈출하려면 초속 11.2㎞의 속도를 가져야 한다. 이런 속도를 '탈출속도(escape velocity)'라고 한다. 지구의 탈출속도는 전성기 시절 박찬호 선수의 강속구보다 무려 270배나 빠른 속도다.

탈출속도는 천체의 중력이 세면 셀수록 커진다. 탈출속도는 중력의 잣대인 셈이다. 천체의 질량이 무거우면 중력도 강해지므로 천체의 질량이 무거울수록 탈출속도도 커진다고 볼 수 있다. 또한 탈출속도는 천체의 중심에서부터 얼마나 떨어져 있느냐에 따라 달라진다. 즉, 중심에 가까울수록 탈출속도는 커진다. 지구 대기권 바깥의 우주공간으로 인공위성을 실어 나르는 로켓의 경우를 보면 이를 확인할 수 있다. 지구 표면에서 로켓은 빠른 속도를 내려고 힘차게 날아오르지만, 어느 정도의 높이에 도달하면 그때부터는 그리 빠르게 움직이지 않아도 된다.

다른 천체의 표면에서 탈출하려면 어느 정도의 속도가 필요할까? 지구보다 중력이 약한 달의 탈출속도는 초속 2.4㎞이다. 때문에 미국의 달 탐사선 아폴로는 달을 떠나 지구로 향하는 데 그렇게 큰 힘이 들지 않았다. 반면 지구보다 중력이 센 태양의 탈출속도는 무려 초속 613㎞이다. 만약 어떤 천체가 태양보다 더 중력이 강하다면 그 천체의 탈출속도도 태양의 탈출속도보다 더 클 것이다. 그렇다면 태양보다 훨씬 중력이 센 천체 중에는 탈출속도가 빛의 속도(초속 30만㎞)에 달할 정도로 엄청나게 강력한 중력을 가진 종류가 있지 않을까? 이렇게 빛조차 빠져나오지 못하는 천체가 있다면 당연히 검게 보일 것이다. 놀랍게도 이런 아이디어는 18세기 후반 영국에서 나왔다.

1783년 영국 요크셔 손힐(Thornhill)의 교구목사이자 케임브리지 대학의 지질학 교수였던 존 미첼(John Michell)이 런던 왕립협회에 논문 한 편을 제출했다. 이 논문에서 미첼은 탈출속도가 빛의 속도보다 커서 우리가 볼 수 없는 천체가 우주에 있을지도 모른다고 제안했던 것이다. 먼저 그는 태양보다 500배나 큰 천체를 상상했다. 밀도는 태양과 같지만 덩치(부피)가 태양보다 500배나 커서 태양보다 500배나 무거운 이 천체의 탈출속도가 빛의 속도와 같다는 사실을 발견했다. 물론 이 천체의 질량이 더 무거워진다면 탈출속도는 빛의 속도보다 더 커질 것이다. 결과적으로 이렇게 무거운 질량을 가진 천체의 표면에서 출발한 빛은 빠져나오지 못하고 강력한 중력에 의해 다시 끌려 들어가게 된다. 즉, 빛이 이 천체의 표면에서 탈출할 수 없기 때문에 우리는 이 천체를 볼 수 없다. 결국 검게 보이는 것이다.

1795년에는 프랑스의 수학자이자 천문학자인 피에르 라플라스(Pierre Laplace)도 이와 비슷한 주장을 했다. 라플라스는 자신의 명저 『우주체계 해설 *Exposition du Systéme du Monde*』에서 이 특별한 천체에 대한 논의를 담았는데, 흥미로운 점은 이 책의 세 번째 판을 출간할 때 이런 논의를 빼버렸다는 사실이다. 아마 라플라스 자신도 이와 같은 생각이 무리라고 생각했던 모양이다.

일반상대성이론에서 나온 검은 구멍

미첼과 라플라스가 제기한 검은 천체에 대한 아이디어는 블랙홀이 검다는 사실을 나름대로 잘 설명하지만, 미첼의 검은 천체는 우리가 아는 블랙홀과는 크게 다르다. 미첼의 검은 천체는 유한한 크기를 가졌지만, 블랙홀은 거의 텅 빈 공간으로 이뤄져 있다. 이제 검은 구멍이라는 블랙홀에서 구멍이 무엇을 의미하는지 알아봐야 할 때다. 이를 이해하기 위해서는 20세기 초까지 내려와야 한다.

블랙홀의 구멍은 전세계 물리학자들이 주저 없이 역대 최고의 물리학자로 손꼽는 알베르트 아인슈타인(Albert Einstein)이 1915년에 발표한 일반상대성이론의 도움을 받아야 제대로 살펴볼 수 있다. 중력을 단순히 질량을 가진 물체 사이에 끌어당기는 힘으로만 여겼던 뉴턴과 달리, 아인슈타인은 자신의 이론에서 중력을 구부러진 시·공간으로 간주했다. 질량을 가진 천체는 마치 쇠공이 놓여 있는 고무판 주위를 움푹 주저앉게 만들 듯이 주변의 시·공간을 휘게 만든다고 말이다. 예를 들어 무거운 쇠공이 주변 고무판을 왕창 들어가게 만든 후 가벼운 쇠구슬이 이미 휘어진 고무판 주위를 지나간다면, 가벼운 쇠구슬은 무거운 쇠공 쪽으로 굴러갈 수밖에 없다. 이것이 바로 아인슈타인이 생각했던 중력이다.

중력에 대한 뉴턴과 아인슈타인의 해석 가운데 어느 하나를 택하든 결과는 마찬가지가 아닐까? 그렇지 않다. 중력이 약한

아인슈타인은 블랙홀의 이론적인 근거를 마련하는 일반상대성이론을 완성시켰다.

지구에서 일어나는 일들은 뉴턴의 해석으로도 잘 설명되지만(실제로 중력에 대한 뉴턴의 해석은 간단하기 때문에 고등학교에서 배울 수 있을 정도다), 중력이 강해지면 상황은 달라진다. 아인슈타인의 번뜩이는 아이디어가 뉴턴의 구닥다리 생각을 압도하는 것이다.

이와 같은 사실을 극명하게 보여주는 사건이 바로 1919년에 일어났던 개기일식을 관측하고 해석했던 연구다. 일반상대성이론에 따르면 질량이 무거운 물체 주변에서는 시·공간 자체가 휘어져 있기 때문에 이곳을 지나는 빛도 자연히 휘어진 경로를 따를 수밖에 없다는 결론에 도달한다. 당시에는 빛이 휜다는 점은 상상할 수도 없는 일이었기 때문에 많은 과학자들은 일반상대성이론에 대해 의심이 가득 찬 눈초리를 보냈다. 영국 케임브리지 대학의 천문학과 교수였던 아서 에딩턴(Arthur Eddington)처럼 아인슈타인을 지지했던 한편에서는 1919년 5월의 개기일식을 기다렸다. 개기일식 때 태양 주변에 있는 별들의 위치(겉보기 위치)를 관측한 후 태양이 주변에 없을 때 그 별들의 위치(실제 위치)와 비교하면 별빛이 어느 정도

휘는지를 확인할 수 있었기 때문이다. 관측 결과를 분석하자 아인슈타인의 일반상대성이론이 예측하는 만큼 태양의 중력에 의해 별빛이 휜다는 사실이 밝혀졌다. 1919년 11월 7일자 「런던 타임즈 *London Times*」의 헤드라인처럼 뉴턴의 아이디어는 거꾸러지고 만 것이다. 따라서 태양보다 중력이 훨씬 센 블랙홀을 이야기할 때는 뉴턴의 설명은 주저 없이 버리고 아인슈타인의 해석을 취해야 한다.

1915년 아인슈타인은 중력에 대한 자신의 생각을 담아 일반상대성이론을 간결하고 아름다운 식으로 완성해 발표했다. 하지만 이상하게도 자신의 식에 대한 해(解)를 구하지는 않았다. 이 작업은 독일의 천문학자 카를 슈바르츠실트(Karl Schwarzschild)에 의해 이루어졌다. 슈바르츠실트는 제1차세계대전에 참전하던 와중에 러시아 전선(戰線)에서 아인슈타인의 새로운 이론에 대한 소식을 접했다. 자신의 머리 위로 포탄이 날아다니고, 몸은 희귀한 질병인 신진대사 장애에 걸려 있었지만, 아인슈타인의 논문은 그에게 큰 힘을 실어주었다. 마침내 슈바르츠실트는 초인적인 힘으로 아인슈타인의 방정식에 대한 정확한 해를 구할 수 있었다. 아인슈타인이 일반상대성이론을 발표한 지 불과 몇 개월 후인 1916년의 일이었다. 안타깝게도 슈바르츠실트는 아인슈타인에게 자신의 해를 편지로 보낸 후 병이 악화돼 곧바로 죽고 말았다.

일반상대성이론의 방정식에서 얻어진 슈바르츠실트의 해는 우주공간의 무거운 물체(예를 들어 별) 주변에 형성된 시·공간의 곡률(曲律)을 보여주고 있었다. 하지만 슈바르츠실트의 해는 아인슈타인을 괴롭혔다. 질량 중심에 밀도가 무한대인 특이점이 있고, 질량 중심으로부터 일정한 거리에 바깥과 단절된 지역이 나타났기 때문이다. 이 지역의 의미는 무엇일까? 마치 휘어진 공간의 중심에 접근할 수 없는 '구멍'이 존재하는 것처럼 보였다. 아인슈타인은 이 같은 점을 쉽게 받아들이지 못했다. 하지만 이 구멍이 바로 블랙홀의 크기, 즉 사건 지평선(event horizon)을 뜻했다. 다시 말하면 슈바르츠실트의 해는 우주공간의 블랙홀을 설명할 수 있었던 것이다. 블랙홀의 가능성이 처음 수학적으로 제시되는 순간이었다.

사건 지평선은 블랙홀과 바깥세계의 경계다. 이 선을 넘어서면 빛조차 빠져나오지 못한다. 중력이 너무나 센 블랙홀은 주변의 시·공간을 극단적으로 휘게 만든다. 마치 크기는 작지만 너무나 무거운 쇠공이 고무판 위에 놓인다면 고무판을 찢어질 듯이 움푹 꺼지게 만드는 것과 비슷한 상황이다(사실 고무판 가운데가 찢어진 상태라고 설명하는 것이 더 정확한 표현이다). 이때 움푹 꺼진 가운데 지점이 '특이점(singularity)'이고, 빛처럼 빠른 속도로 움직여도 특이점으로 굴러 떨어지는 현상을 막을 수 없는 경계 지점이 바로 사건 지평선이다. 사건 지평선은 블랙홀의 표면이라고 말할 수 있다. 우리가 땅 위에서 지평선을 바라볼 때 그 너머로는 아무것도 볼 수 없듯이 블랙홀의 사건 지평선 너머로는 어떤 '사건'도 볼 수 없는 것이다.

만일 태양에 이렇게 특이한 공간이 생겨났을 경우 사건 지평선의 크기는 얼마나 될까? 슈바르츠실트도 이 점을 고민했는데, 계산 결과 태양에 대한 사건 지평선의 반지름은 약 3㎞인 것으로 밝혀졌다. 다시 말해 태양의 질량을 아주 작은 크기에 몰아넣는다면 태양도 블랙홀이 될 수 있다는 말이다. 태양이 쪼그라들면 들수록 주위에 작용하는 중력이 점점 강해지고 빛도 점점 많이 휘는데, 마침내 반지름 3㎞로 줄어들 때 블랙홀이 된다는 것이다.

어쩌면 우주공간의 모든 물체가 고유한 크기의 사건 지평선을 가질 수 있을지도 모른다. 만일 지구가 밖으로부터 엄청난 압력을 받아 결국 블랙홀이 된다면 그 크기는 어느 정도일까? 지구의 사건 지평선은 약 9㎜의 반지름을 갖는다. 즉, 지구는 작은 콩알만 한 블랙홀이 되는 것이다.

별의 일생과 무거운 별의 마지막 모습

과연 반지름만 70여 만 ㎞인 태양이 반지름 3㎞짜리로 압축되고, 우리 인류가 사는 엄청난 땅덩어리인 지구가 콩알만하게 작아질 수 있을까? 쉽게 믿어지지 않는다. 슈바르츠실트가 블랙홀의 크기를 나타내는, 일반상대성이론의 해를 제시했던 당시에도 대부분의 과학자들은 이와 같은 사실을 이해하지 못했다. 그렇다면 과연 블랙홀은 가능하기나 한 것일까?

결론부터 말하자면 블랙홀은 가능하다. 현재 블랙홀은 아주 무거운 별의 마지막 모습이라고 알려져 있다. 이를 이해하기 위해서는 먼저 별의 일생과 진화 과정을 알아야 한다.

별은 어떻게 태어날까? 별들의 고향은 가스(대부분 수소)와 먼지가 구름처럼 무리를 이룬 성운(星雲)이라는 곳이다. 예를 들어 오리온 대성운은 별이 탄생하는 곳으로 유명하다. 성운은 자체 중력으로 뭉쳐지면서 그 안에 가스 덩어리들이 여럿 만들어진다. 이들 가운데 중심부의 온도가 1,000만 K(절대온도K=섭씨온도℃+273)가 넘는 경우 수소가 타면서(수소 핵융합 반응이 일어나면서) 빛을 내기 시작한다. 아기별이 탄생한 것이다. 물론 어떤 가스 덩어리의 경우 중심부의 온도가 수소가 타기에 너무 낮은 온도라면 별이 되지 못한다. 태양계의 목성처럼 가스 덩어리이긴 하지만 거대한 행성으로 남을 수도 있다. 보통 별은 성운에서 무리지어 태어나는데, 덩치(질량)가 큰 것에서부터 작은 것까지 다양하다.

잠시 핵융합 반응에 대해 살펴보자. 핵융합 반응은 '별, 특히 태양은 왜 꺼지지 않고 오랫동안 빛나는 것일까'라는 과학자들의 의문에 대한 대답이다. 핵융합 반응은 간단히 말하면 가벼운 원자핵들이 모여서 더 무거운 원자핵을 형성하면서 에너지를 내뿜는 과정이다. 예를 들어 태양 중심부에서 주로 일어나고 있는 수소 핵융합 반응의 경우라면 수소핵(양성자)이 융합해 헬륨핵으로 변화되며 에너지가 방출된다. 이때 반응 전후 질량의 차이가 아인슈타인의 질량 에너지 등가식($E=mc^2$)에 따라 에너지로 변신한다. 좀더 구체적인 연구는 프랑스 태생의 미국 이론물리학자 한스 베테(Hans Bethe)에 의해 이루어졌다. 베테는 1967년 '핵반응 이론에 대한 공헌, 특히 별의 에너지원에 대한 연구'의 업적으로 노벨 물리학상을 수상했다.

그렇다면 주계열성 단계에 있는 별은 어떻게 안정된 상태를 유지하는 것일까? 별은 원래 자신의 질량으로 인해 생긴 중력 때문에 물질을 중심 방향으로 끌어당긴다. 하지만 핵융합 반응으로 중심의 온도가 뜨겁게 유지되면 이때 발생한 내부의 압력은 물질을 별의 바깥 방향으로 밀어내게 된다. 따라서 중력과 압력이 균형을 이루어 별은 안정된 상태를 유지하는 것이다.

다음으로 별의 진화과정을 알아보자. 별은 태어날 때 지닌 질량에 따라 진화해가는 과정이 조금씩 다르다. 질량에 따라 중심부의 온도가 올라갈 수 있는 한계가 있기 때문에 중심부에서 핵융합 반응으로 생성될 수 있는 원소에도 한계가 있다.

태양 정도의 별은 수소를 태우면서 빛을 내는 단계인 주계열성(主系列星, main-sequence star)으로 대부분의 생애를 보낸다. 현재 우리 태양도 주계열성으로서 수소 핵융합 반응을 통해 에너지를 생산하며 빛과 열을 뿜어내고 있다. 구체적으로 태양 내부에서는 여러 개의 양성자가 중양자(중수소의 원자핵), 헬륨3를 거쳐 헬륨4를 형성하는 핵융합 과정을 통해 막대한 양의 에너지를 방출하고 있다. 수소 1g당 무려 1억 6,000만 kcal의 열량이 발생한다. 태양은 인류를 비롯한 지구상의 모든 생명체에게 지금껏 에너지를 공급해 왔다. 현재 태양의 원소 조성비를 보면 수소가 70%, 헬륨이 28%, 기타 물질이 2%이다. 태양은 앞으로 50억 년 동안 지금과 같은 상태로 에너지를 방출할 것이다.

수소 핵융합 반응에서 남은 재인 헬륨은 별의 중심부에 차곡차곡 쌓인다. 헬륨 중심핵은 점점 커지다가 별 전체 질량의 10%에 이르면 자체 중력이 커져서 수축하기 시작하고, 이때 발생한 에너지 덕분에 별의 외곽부는 부풀어 오르게 된다. 별은 크기가 커지고 표면온도가 떨어져 적색거성(赤色巨星, red giant star)이 된다. 우리 태양도 약 50억 년 후에는 지금의 화성 궤도를 삼킬 수 있는 크기로 팽창하며 적색거성이 될 것으로 예측된다. 태양 정도의 질량을 가진 별은 주계열성 단계를 거치고 나면 차갑고 큰 적색거성으로 변하는 것이다.

태양보다 질량이 큰 별은 어떨까? 적색거성 단계까지 진화한 별들 가운데 질량이 태양의 3배 이상인 별을 보자. 헬륨 중심핵의 덩치가 충분히 커지면서 점차 수축해 내부 온도가 2억 K를 넘고 헬륨 핵융합 반응이 일어난다. 세 개의 헬륨 핵이 융합해 한 개의 탄소 핵이 만들어지는 것이다. 질량이 태양보다 10배 이상 무거운 별이라면 탄소 중심핵이 수축하면서 온도가 10억 K 이상 올라가 탄소가 타기 시작한다. 이후에 별의 중심부에서 산소, 네온, 마그네슘 등이 만들어지고 별은 태양 크기의 수백 배에 달하는 초거성(超巨星, supergiant star)으로 진화한다. 태양 질량의 15배 이상인 초중량급 별이라면 중심에서는 최종적으로 규소가 핵융합 반응을 일으켜 철을 만들게 된다.

별의 질량은 진화과정뿐만 아니라 수명도 결정한다. 간단히 말하면 질량이 클수록 별의 수명은 짧다. 무거운 별은 짧고 굵게, 가벼운 별은 가늘고 길게 산다는 말이다. 예를 들어 우리 태양은 50억 년을 살았으며 앞으로도 이만큼은 더 살 수 있을 것으로 예상되는 반면, 질량이 태양보다 5배 무거운 별은 1억 년을 채 살지 못한다.

왜 그럴까? 무거운 별은 가벼운 별보다 태울 연료를 많이 갖고 있긴 하지만, 너무나 헤프게 왕창 써버리기 때문이다.

태양의 최후에서 블랙홀까지

이제 블랙홀과 관련 있는 별의 마지막 모습을 살펴볼 차례다. 별의 최후도 질량에 따라 다른 형태를 취한다. 엄밀하게 말하면 이때의 질량은 별이 임종을 맞이하기 바로 직전의 질량이다. 왜냐하면 별에 따라서는 자신의 생애를 살면서 상당 부분의 질량을 잃어버리기 때문이다. 별은 중심부에서 핵융합 반응이 끝나면 중력 때문에 수축되면서 죽음으로 치닫는다. 안정적으로 핵융합이 일어나는 동안 중력과 팽팽한 균형을 이루던 내부 압력이 사라지기 때문이다. 다시 말하면 중력은 핵융합 에너지 덕분에 바깥으로 작용하던 내부 압력의 방해를 받지 않고 물질을 중심 방향으로 끌어당기는 것이다.

별의 중심부에서 핵융합을 일으키던 용광로가 꺼지면 별은 중력에 압도당하면서 자체적으로 붕괴되기 시작한다. 이때 별의 질량이 태양 질량의 1.4배보다 작은 경우 중력을 막을 수 있는 새로운 압력이 등장한다. 다름 아닌 전자의 축퇴압력이다. 전자는 다른 입자들보다 가벼워서 가장 활발하게 운동하지만, 중력에 의해 별이 짜부라지면 전자 사이의 거리가 가까워진다. 그러면 전자들의 밀도가 높아져 압력이 발생하는데, 이것이 바로 전자의 축퇴압력이다. 축퇴압력은 만원버스 안에서 승객들이 옴짝달싹 못할 때 받는 압력과 비슷하다고 할 수 있다.

태양 질량의 1.4배보다 작은 질량을 가진 별은 임종 단계에서 중력이 전자의 축퇴압력과 평형을 이루면서 수축을 멈추고 안정된 구조를 가진다. 이렇게 형성된 마지막 단계의 별은 백색왜성(white dwarf)이라 불린다. 별이 중력 붕괴를 일으키고 난 후 백색왜성이 되기까지는 수백만 년이라는 세월이 걸린다. 백색왜성은 지구만한 크기를 가지지만, 전형적으로 가늘고 길게 산 늙은 별이다. 백색왜성은 아직도 표면 온도가 꽤 높다. 마치 서서히 식어가는 모닥불처럼 어두워지며 생을 마감한다. 우리 태양도 앞으로 50억 년 후가 되면 백색왜성으로 최후를 맞이할 것으로 예상된다.

그런데 왜 하필 태양 질량의 1.4배일까? 1930년대 초 인도 태생의 미국 천체물리학자 수브라마니안 찬드라세카르(Subrahmanyan Chandrasekhar)가 별의 진화 마지막 단계에서 백색왜성이 될 수 있는 상한치를 계산했는데, 그 수치가 바로 태양 질량의 1.4배였다. 이 값은 발견자의 이름을 따서 '찬드라세카르의 한계'라고 불린다. 찬드라세카르는 백색 왜성을 비롯한 별의 진화를 연구한 업적으로 1983년에 노벨 물리학상을 수상하기도 했다.

찬드라세카르는 별의 마지막 단계를 연구해 백색왜성의 존재를 이론적으로 제시했다.

태양 질량의 1.4배보다 가벼운 별이 마지막 단계에서 백색왜성으로 붕괴된다면, 이보다 더 무거운 별이 죽을 때는 어떻게 될까? 1939년 미국의 물리학자 로버트 오펜하이머(Robert Oppenheimer)가 이 문제에 관심을 갖고 연구했다. 오펜하이머는 제2차세계대전 중에 이루어진 미국의 원자폭탄 제조계획인 맨해튼 프로젝트를 지휘했던 바로 그 과학자다. 그는 양자역학과 아인슈타인의 일반상대성이론에 매료되기도 했지만, 백색왜성에 대한 찬드라세카르의 연구 결과에 큰 흥미를 느꼈다.

오펜하이머는 태양보다 1.4배 무거운 별의 최후에 대한 문제를 자신의 대학원생이었던 조지 볼코프(George Volkoff)에게 맡겼다. 결과는 마찬가지로 붕괴 현상이 벌어졌지만, 백색왜성의 경우보다 매우 짧은 시간에 일어났다. 특히 중요한 것은 붕괴의 마지막 결과가 중성자만으로 구성된 조그만 별, 즉 중성자별(neutron star)이 될 것이란 점이었다. 약 10^{15}g/㎤ 이상의 고밀도에서는 양성자와 전자는 중성자가 되고 이들 중성자의 축퇴압력이 별을 떠받친다. 중성자별은 중성자의 축퇴압력이 중력과 균형을 이루는 상태인 초고밀도 별이다. 볼코프는 최후의 순간에 태양 질량의 1.4배에서 3.2배 사이인 별이 중성자별이 될 수 있다는 사실을 알아냈다. 이론적으로 태양 질량의 몇 배인 중성자별은 크기가 수십 ㎞일 것으로 예상된다

그렇다면 마지막 순간의 질량이 태양보다 3.2배 무거운 별은 어떻게 될까? 오펜하이머는 이 문제를 또 다른 대학원생 하틀랜드 스나이더(Hartland Snyder)에게 맡겼다. 연구 결과는 믿을 수 없을 만큼 놀라웠다. 태양 질량의 3.2배보다 무거운 별이 한번 붕괴되기 시작하자 붕괴를 멈출 수 있는 것이 아무것도 없었기 때문이다. 이 별은 영원히 붕괴되면서 우리로부터 단절된 공간의 영역을 남겼던 것이다. 오펜하이머가 한 친구에게 보낸 편지에서처럼 그 결과는 매우 기묘했다. 이 기묘한 존재가 바로 30년 후에야 이름을 갖게 된 블랙홀이다. 블랙홀이 별의 시체로서 탄생할 수 있다는 사실을 이론적으로 처음 밝혀냈던 것이다.

작은 초록외계인 다음은?

과연 블랙홀은 우주에 존재할까? 블랙홀에 앞서 중성자별의 존재가 먼저 확인됐다. 1967년에 영국 케임브리지 대학의 앤터

니 휴이시(Antony Hewish) 교수와 그의 대학원생 조슬린 벨(Jocelyn Bell)이 황소자리 게성운에서 빠르게 깜박거리는 전파원을 발견했다. 놀랍게도 이 전파원은 1초에 30번씩이나 깜박이는 것으로 밝혀졌다. 이렇게 매우 짧은 주기로 밝기가 변하는 존재는 맥동성(pulsating star)의 약자인 펄서(pulsar)라 불렸다.

처음에 펄서에서 나오는 펄스(pulse)는 '작은 초록외계인(Little Green Men)'이 보내는 신호로 오해받기도 했다. 펄스의 주기가 1,000분의 1이라는 놀라운 정확도를 지녔기 때문에 외계 지성체의 증거라고 생각했던 것이다. 하지만 게성운의 펄서는 1968년 미국 코넬 대학의 토마스 골드(Thomas Gold)에 의해 중성자별로 밝혀졌다. 1930년대에 이론적으로 예견되었던 중성자별의 존재가 실제로 확인되는 순간이었다. 휴이시는 1974년 중성자별의 발견을 비롯해 전파천문학을 발전시킨 공로로 노벨 물리학상을 받기도 했다. 하지만 중성자별 발견에 공로가 컸던, 휴이시의 대학원생 벨은 노벨상 수상자 목록에서 제외되었다. 이를 두고 한때 여성과학계에서는 벨이 여성이기 때문에 노벨상 수상자 선정과정에서 불이익을 당한 것이 아니냐는 주장이 강력히 제기되기도 했다.

어쨌든 무거운 별이 진화의 마지막 단계에 다다를 때는 초신성(超新星, supernova) 폭발을 일으키는데, 별의 핵은 안으로 수축하면서 붕괴해 밀도가 매우 높아진다. 모든 물질은 중성자로 이루어진 중성자별이 된다. 이때 밀도는 작은 찻숟가락 하나의 부피에 10억 톤의 질량이 담길 정도다.

중성자별이 매우 짧은 주기로 펄스를 방출하는 이유는 무엇일까? 피겨스케이트 선수가 두 손을 모으면 더 빠르게 회전하듯이 중성자별도 수축하면서 자전속도가 매우 빨라지기 때문이다. 게성운의 중성자별은 1초에 30번씩이나 회전하는 것이다. 회전하면서 전파, 가시광선, X선 등의 다양한 전자기파를 내놓는다. 이때 지구에서 볼 때는 마치 등대처럼 깜빡이는 현상으로 관측된다.

이론적으로만 알려졌던 중성자별의 존재가 밝혀지자, 천체물리학자들의 관심은 자연스럽게 블랙홀의 존재 가능성으로 모아졌다. 중성자별이 존재한다면, 이보다 훨씬 더 기묘한 천체인 블랙홀도 존재할 수 있다는 예측이 나왔다. 중성자별이 별의 마지막 단계로서 관측될 수 있었듯이 블랙홀도 무거운 별의 시체로서 탄생할 수 있을 것이라고 말이다. 중성자별은 반지름이 수십 ㎞ 정도인데, 별이 이렇게 작은 크기까지 붕괴할 수 있다면, 다른 별은 이보다 더 작은 크기로 붕괴해 블랙홀이 될 수 있다는 뜻이다.

블랙홀이 될 만한 별은 마지막 단계에서의 질량이 태양 질량의 3.2배보다 더 무거워야 한다. 물론 별은 진화 과정에서 일정 정도 질량을 잃어버리기 때문에 탄생 초기의 별은 이보다 훨씬 더 무거워야 할 것이다. 예를 들어 태양 질량의 약 8배는 되어야만 한다. 이 정도의 별은 흔하게 태어나기 때문에 블랙홀이 별의 시체로서 태어난다면 우리는 블랙홀을 쉽게 만날 수 있을 것이라고 예상할 수 있다.

하지만 블랙홀은 모든 물질은 물론 빛까지도 빨아들이기 때문에 블랙홀이 홀로 존재한다면 발견할 수 있는 방법이 없다. 블랙홀과 바깥 세계의 경계인 '사건 지평선' 안으로 들어가면 어떤 것도 되돌아 나오지 못해 검게 보이기 때문이다. 그렇다고 세계적으로 유명한 영국의 천체물리학자 스티븐 호킹(Stephen Hawking)이 블랙홀의 관측에 대해 표현했듯이 지하 석탄창고에서 검은 고양이를 찾는 것처럼 그저 검게 보이는 곳을 뒤져야 할까? 우주의 블랙홀은 검을 뿐 아니라 석탄창고의 고양이에 비해 크기가 매우 작기 때문에 다른 방법을 강구해야 한다.

우주에서 블랙홀을 찾아내는 가장 유력한 방법은 블랙홀이 또 다른 별과 쌍을 이루는 경우를 정밀하게 관측하는 것이다. 이런 쌍성계(binary system)의 경우에는 짝별로부터 나온 물질이 바로 근처에 있는 블랙홀로 빨려드는 모습을 쉽게 발견할 수 있기 때문이다. 블랙홀로 유입되는 물질은 수챗구멍으로 물이 빨려들 듯이 블랙홀 주위를 맴돌며 원반 형태를 이룬다. 이때 원반 물질은 워낙 빠른 속도로 소용돌이치며 빨려들기 때문에 수백억 K의 온도로 엄청나게 뜨거워지고 X선처럼 강력한 에너지를 지닌 전자기파를 낸다.

이처럼 블랙홀은 직접 관측하지 못하고 간접적으로 관측할 수밖에 없다. 블랙홀은 자신의 강한 중력으로 짝별에서부터 물질을 빨아들여 게걸스럽게 먹어치울 때 스스로 정체를 폭로하는 것이다. 또한 보통 블랙홀은 양극 방향으로 일부 물질을 광속에 가까운 제트(jet) 형태로 뿜어낸다.

X선으로 블랙홀 탐지하라

과학자들은 밤하늘에서 강하게 X선을 방출하는 원천을 찾아 나섰다. X선은 파장이 10^{-8}~10^{-10}m로 가시광선보다 짧은 전자기파다. 우주에서 오는 X선은 지구 대기에 흡수되기 때문에 지상에서 관측할 수 없다. 당연히 우주망원경이 필요했다. 1970년 12월 아프리카 케냐에서 X선 우주망원경 '우후루(UHURU)'가 발사되었고, 스와힐리 말로 자유를 뜻하는 이름의 망원경 우후루는 수많은 X선원을 발견했다. 이들 모두가 블랙홀의 후보였을까? 그렇지는 않았다. 대부분의 X선원은 중성자별로 밝혀진 반면, '백조자리 X-1'이라는 X선원이 유력한 블랙홀 후보로 떠올랐다.

백조자리 X-1은 5.6일 만에 한 번씩 서로 공전하는 쌍성계의 일부로 밝혀졌다. 먼저 눈에 보이는 별 HDE 226868의 질량을 추정하자 태양 질량의 23배가 나왔다. 이 추정치로부터 보이지 않는 별의 질량을 결정할 수 있었다. 그 결과 태양보다 10배 무거운 것으로 드러났다. 보이지 않는 별이 블랙홀일 가능성이 대단히 높다는 점을 암시한다. 그렇지만 백조자리 X-1에 블랙홀이 포함돼 있는지에 대해서는 여러 해 동안 상당한 논란이 있었다.

이와 관련된 유명한 일화는 영국의 스티븐 호킹과 미국의 킵 손(Kip Thorne) 사이에 있었던 내기다. 호킹이 자신의 저서 『시간의 역사 *A Brief History of Time*』에서 밝힌 바에 따르면, 1975년 자신은 백조자리 X-1이 실제로는 블랙홀을 포함하지 않는다고 손에게 내기를 걸었다고 한다. 그런데 최초 발견 이후 여러 연구팀이 백조자리 X-1에 포함돼 있는 보이지 않는 천체(블랙홀 후보)의 질량을 계산해 왔는데, 항상 그 결과는 태양 질량의 3.2배보다 상당히 크다는 사실을 보여주었다. 상황이 이렇게 되자 천하의 호킹도 어쩔 수 없었다. 호킹은 자신이 내기에 졌다고 인정했고 그 벌칙으로 손에게 약속된 벌칙을 이행했다. 그것은 바로 『펜트하우스 *Penthouse*』 1년치 정기구독권이었다. 들려오는 소문에 따르면, 손의 아내는 이 일 때문에 무척 화가 났다고 한다. 어쨌든 지구에서 1만 4,000광년 떨어져 있는 백조자리 X-1은 최초의 블랙홀 후보이자 아직도 훌륭한 블랙홀 후보로 남아 있다.

1978년 미항공우주국(NASA)은 아인슈타인 탄생 1백주년을 기념해 '아인슈타인 X선 위성'을 발사했다. 아인슈타인 X선 위성도 수많은 X선원을 찾아냈다. 이들 가운데 '대마젤란 은하 X-3' 'CAL 87' 등이 태양 질량의 3.2배보다 더 무거운 X선원이기 때문에 유력한 블랙홀 후보로 추정되었다. CAL 87도 대마젤란 은하에 속한 천체이다.

이후에도 유럽우주기구(ESA)의 EXOSAT, 독일과 미국의 ROSAT, 일본의 아스카 등의 X선 우주망원경이 블랙홀을 수색해 왔다. 이를 통해 백조자리 V404, 컴퍼스자리 X-1, 소마젤란

미항공우주국(NASA)의 찬드라 X선 망원경은 현재 우주공간에서 블랙홀을 자세히 관측해 그 실체를 적나라하게 폭로하고 있다.

은하 X-1, GX339-4 등이 유력한 블랙홀 후보로 떠올랐다.

최근에는 NASA의 찬드라와 유럽 우주기구의 뉴턴-XMM이라는 X선 우주망원경이 우주공간에서 활약 중이다. 미국의 찬드라는 1999년 7월에, 유럽의 뉴턴-XMM은 1999년 12월에 각각 발사되었다.

특히 찬드라 X선 망원경은 유명한 허블 우주망원경에 견줄 수 있을 만한 능력을 갖추고 있다. 블랙홀만을 연구하기 위해 지구 궤도의 우주공간에 올라간 것은 아니지만, 주요 관측대상은 역시 블랙홀이다. 현재 찬드라 X선 망원경은 새로운 블랙홀을 발견할 뿐만 아니라 블랙홀의 새로운 모습을 낱낱이 보여주고 있다.

한편 찬드라 X선 망원경의 이름은 백색왜성의 한계 질량을 구하는 등 많은 업적을 남겨 1983년 노벨 물리학상을 받은 인도태생 미국 천문학자 찬드라세카르에서 따온 것이다.

블랙홀의 사건 지평선 포착하다

2001년 1월에는 블랙홀만이 가지는 '사건 지평선'을 최초로 관측했다는 NASA의 보고가 잇따라 나오기도 했다. 다름 아니라 블랙홀로 빨려 들어가 사라지는 빛을 최초로 관측했던 것이다. 구체적으로는 블랙홀 근처 사건 지평선으로 주변 물질이 빠른 속도로 빨려 들어가면서 내놓는 X선과 자외선을 NASA의 찬드라 X선 망원경과 허블 우주망원경이 각각 포착했던 것이다.

블랙홀은 사건 지평선을 기준으로 안팎이 천양지차다. 일단 사건 지평선 안쪽으로 들어간 물질이나 빛은 일방통행만 가능하며 절대 되돌아 나올 수 없다. 물론 우리가 블랙홀에서 볼 수 있는 빛은 사건 지평선에 진입하기 전인 물질에서 나온 것이다. 2001년 1월의 보고에 따르면, 블랙홀에서 포착된 장면은 물질이 블랙홀의 사건 지평선을 꼴깍 넘어서며 외쳤던 마지막 절규였던 셈이다. 즉, 블랙홀로 유입되는 물질 가운데 지금까지 사건 지평선으로부터 가장 가까운 곳에서 뿜어낸 빛을 관측했던 것이다.

먼저 찬드라 X선 망원경의 활약상을 보자. 미국 하버드-스미소니언 천체물리센터 연구팀은 찬드라 망원경으로 짝별로부터 물질을 끌어당기는 과정에서 강한 에너지를 방출하는 X선 신성(新星, nova)을 여럿 관측했다. 특히 물질이 신성 중심으로 빨려 들어감에 따라 X선의 세기가 어떻게 변화하는지를 추적했다. X선 신성은 중성자별이나 블랙홀일 가능성을 모두 가지는데, 중성자별인 경우와 블랙홀인 경우 관측된 X선의 양상은 서로 달랐다. 즉, 중성자별인 경우 빨려 들어가는 물질이 점점 밝아져 마지막 순간에 강한 X선을 방출하는 반면, 블랙홀인 경우에는 빨려 들어가는 물질이 내뿜던 X선이 사건 지평선 근처에서 갑자기 사라져버렸다. 블랙홀의 사건 지평선을 지나면서 X선조차 빨려든 것이다. 바로 블랙홀 주변에서 예상되는 에너지 소멸 현상이 관측되었던 것이다. 이는 일방통행 지역인 사건 지평선이 블랙홀 주변에 존재한다는 결정적인 증거인 셈이다. 아이러니컬하게도 블랙홀 중심 근처에서 아무것도 보이지 않아야 진짜 블랙홀이라는 얘기이다.

또한 NASA의 고다드 우주비행센터 연구팀은 허블 우주망원경으로 블랙홀의 사건 지평선을 넘어가는 물질의 모습을 포착했다. 구체적으로 '백조자리 XR-1'이라는 블랙홀(지구에서 6,000광년 떨어져 있는 블랙홀) 주위를 감싸며 빨려드는 고온의 가스 덩어리에서 나오는 자외선을 살폈다. 관측된 자외선 자료에서는 사건 지평선에 다가감에 따라 점차 약해지다가 결국 사라지는 장면이 두 번이나 발견되었다.

거대 블랙홀 vs. 미니 블랙홀

태양보다 수조 배 무거운 거대 블랙홀

1970년대까지는 블랙홀이라면 별의 시체로서 생긴 블랙홀을 말했다. 하지만 최근에는 이보다 훨씬 더 큰 규모의 블랙홀이 널리 알려져 있다. 거의 대부분의 은하 중심에 존재하는 '거대 블랙홀(supermassive black holes)'이 바로 그것이다.

잠깐 은하란 어떤 천체인지 짚고 넘어가자. 은하는 우주를 구성하는 기본 단위다. 우주를 생명체로 비유하자면 은하는 세포에 해당한다고 볼 수 있다. 지구가 속한 태양계를 품고 있는 우리은하 밖에 또 다른 은하(외부은하)가 있다는 사실이 처음 밝혀진 때는 1920년대에 불과하다. 은하는 모양에 따라 타

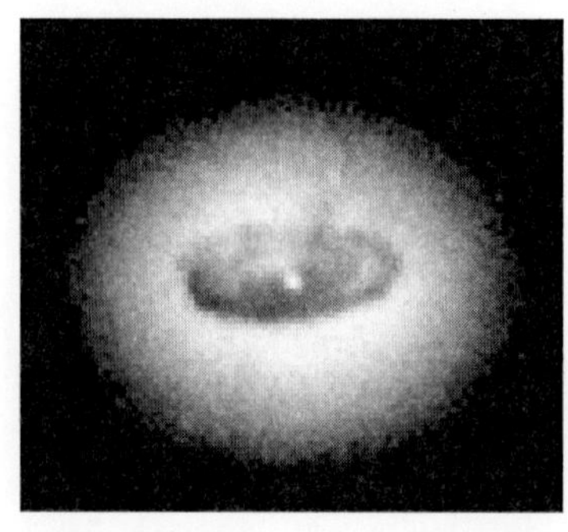

NASA의 허블 우주망원경이 1995년에 찍은 NGC4261의 중심부 모습. 먼지 원반의 가운데에는 태양보다 12억 배 무거운 거대 블랙홀이 있을 것으로 예측된다.

원은하, 나선은하, 불규칙은하로 나뉜다. 대부분 은하의 질량은 태양 질량의 수십억-수조 배에 이른다. 은하는 지구나 목성 같은 행성, 태양 같은 별, 별무리인 성단, 우주에 있는 가스와 먼지로 구성된 성운 등으로 이루어진다.

이런 은하 가운데 일부의 중심에 태양 질량의 수백만-수천억 배에 해당하는 거대 블랙홀이 존재할지 모른다는 제안이 1974년 영국의 천문학자 마틴 리스(Martin Rees)에 의해 제기됐다. 보통은하보다 굉장히 밝은 활동은하(active galaxy)를 염두에 둔 제안이었다. 활동은하는 전파에서 감마선까지 모든 파장의 빛을 방출하고 양극 방향으로 대전입자를 제트 형태로 강력하게 뿜어내며 수백억 개의 태양에 해당하는 밝기를 쏟아내는데, 이럴 만한 원천이 바로 거대 블랙홀이라고 생각했던 것이다.

겉보기에 별처럼 보이지만 사실은 알고 보면 활동은하인 퀘이사(quasar)의 경우도 사정은 비슷하다. 퀘이사는 강력한 전파를 내는 반면, 가시광선으로 보면 보통 별과 구별되지 않는다. 퀘이사란 이름도 준항성체(quasi-stellar object)의 준말이다. 1963년 미국 캘리포니아 팔로마 천문대의 마틴 슈미트(Martin Schmidt)라는 천문학자가 3C273이라는 퀘이사를 관측해 거리를 알아냈다. 놀랍게도 이 천체는 지구에서 6억 광년만큼이나 굉장히 멀리 떨어져 있다는 사실이 밝혀졌다. 그렇다면 퀘이사는 엄청난 에너지를 내놓고 있다는 뜻이다. 그 뒤로도 많은 퀘이사가 발견되었지만 의문점이 있었다. 퀘이사는 굉장히 먼 거리에 있음에도 불구하고 보통은하보다 100배 이상 밝게 빛나기 때문이다. 이렇게 막대한 에너지를 발생시키는 메커니즘은 무엇일까? 역시 퀘이사의 밝기를 설명하는 원천도 거대 블랙홀이라는 의견이 지배적이다. 현재 퀘이사는 활동은하의 핵으로 인정받고 있다.

이후에는 활동은하나 퀘이사뿐만 아니라 보통은하도 중심에 거대 블랙홀을 가진다는 인식이 보편화되었다.

매우 작은 지역에 거대한 질량이 집중된 것으로 확인되고 그 질량이 보이지 않는다면 그곳에 블랙홀이 있다는 추정은 올바른 것이다. 은하의 중심도 블랙홀이 있을 만한 훌륭한 후보지다. 블랙홀의 존재를 확인하기 위해 가장 먼저 해야 할 일은 그곳에 얼마나 많은 질량이 있느냐를 측정하는 것이다.

『천문학과 천체물리학의 연감 *Annual Reviews of Astronomy and Astrophysics*』 1995년판에는 8개의 은하들이 그 중심에 무겁고 검은 천체를 포함하고 있는 것으로 관측됐다고 소개되어 있다. 이들 은하의 중심 질량은 태양 질량의 수백만 배에서 수십억 배에 달한다. 이 같은 질량은 은하 중심 둘레를 도는 별들과 가스의 속도를 관측함으로써 측정된 것이다. 공전 속도가 빠르면 빠를수록 별들과 가스를 그들의 궤도에 묶어두는데 필요한 중력이 더 강하기 때문이다.

은하 중심에 있는 무겁고 검은 천체가 왜 블랙홀로 간주되는 것일까? 적어도 두 가지 이유를 들 수 있다. 첫째는 이 천체를 다른 것으로 생각하기 힘들기 때문이다. 즉, 별들이나 별무리들로 간주되기에는 너무 밀집되고 어둡다는 얘기다. 둘째는 활동은하나 퀘이사로 알려진 수수께끼 천체를 설명하는 가장 유망한 이론이 이들 중심에 거대 블랙홀이 존재한다고 가정하기 때문이다. 이 이론이 맞는다면 현재 활동은하이거나, 과거에 활동은하였지만 지금은 보통은하인 대다수의 은하들은 중심에 거대 블랙홀을 가지고 있음에 틀림없다. 물론 이 두 가지 주장이 완전한 증거는 아니다.

실제로 은하 중심에 거대 블랙홀이 존재한다는 가설을 강하게 뒷받침하는 발견이 두 가지가 있다. 하나는 가까운 활동은하의 중심핵 근처에 있는 가스의 속도 분포를 매우 정밀하게 관측한 결과다. 관측 결과, 이 은하의 중심에 있는 무거운 천체의 반지름이 0.5광년이 채 안 된다는 결론을 내릴 수 있었다. 그렇게 좁은 공간에 그렇게 무거운 질량이 집중될 수 있는 존재는 블랙홀이 아니면 상상하기 힘들다. 이것은 1995년 1월 12일자 영국의 과학저널 「네이처 *Nature*」에 실린 결과다.

두 번째 발견은 훨씬 더 주목할 만한 증거를 제공한다. X선 천문학자들이 한 은하핵에서 스펙트럼 선을 관측했는데, 은하핵 근처에 있는 원자들이 광속의 거의 3분의 1이라는 굉장히 빠른 속도로 움직이고 있는 것으로 드러났다. 더욱이 이 원자들에서 나오는 빛은 블랙홀의 사건 지평선에서 나오는 빛에서 예상되는 것과 똑같은 방식으로 적색이동(redshift)을 했다(블랙홀처럼 중력이 매우 강한 곳에서는 빛이 에너지를 잃어 원래보다 적색 쪽으로 옮겨가는 적색이동 현상이 나타난다). 이 관측 결과는 블랙홀을 제외한 다른 방법으로 설명하기 매우 힘든 것이다. 만일 관측 결과가 확증된다면, 일부 은하들이 중심에 거대 블랙홀을 간직하고 있다는 가설은 꽤 확실한 얘기가 될 것이다. 이것은 1995년 6월 22일자 「네이처」에 실린 연구 결과다.

1994년에는 미항공우주국(NASA)의 허블 우주망원경이 M87이라는 은하의 중심에 거대 블랙홀이 존재한다는 결정적인 증거를 포착하기도 했다. 이 블랙홀의 경우 질량이 20-30억 개 별의 질량에 해당하지만, 그 크기는 태양계 크기 정도에 지나지 않는 것으로 밝혀졌다.

또 가시광선과 전파로 거대한 은하들의 중심을 관측한 결과, 중심을 도는 별들과 가스 구름의 속도가 급격하게 증가하는 것으로 밝혀졌다. 공전속도가 매우 빠르다는 사실은 굉장히 무거운 어떤 존재가 별들을 가속시키는 강력한 중력장을 만들어내고 있음을 뜻한다. 별들은 만일 중심에 굉장히 무겁고 작은 천체가 없다면 날아가 버릴 정도로 그렇게 빠르게 움직이고 있다.

아울러 X선 관측은 많은 은하들 중심에서 막대한 양의 에너지가 만들어지고 있음을 암시한다. 아마도 이 에너지는 주변 물질이 은하 중심의 블랙홀로 유입되면서 나오는 것으로 보인다.

거대 블랙홀의 또 다른 증거, 제트

은하 중심에 거대 블랙홀이 존재한다는 증거는 또 있다. 다름 아니라 은하 중심에서 물질이 강하게 방출되는 현상인 제트다. 도저히 블랙홀이 아니면 설명할 수 없는 현상이다.

먼저 비교적 가까운 거리에 있는 은하인 M87에서 나오는 제트에 대해 살펴보자. M87은 처녀자리 은하단(은하들이 수십-수백 개씩 무리지어 있는 집단)에서 가장 큰 은하다. 그 생김새가 타원이고 규모가 커 거대 타원은하로 분류된다. 또 은하 중심에서 제트가 나오는 활동은하에 속한다.

M87의 제트는 1989년 2월 미국의 전파망원경 배열인 VLA(Very Large Array)에 의해 관측되었다. 잠깐 VLA가 무엇인지 알아보자. VLA는 미국의 유명과학자 칼 세이건(Carl Sagan)의 원작을 바탕으로 조디 포스터가 주인공으로 출연한 영화 「콘택트 *Contact*」에 등장한다. 영화를 보면 거대한 접시망원경이 여럿 나오는 장면이 있는데, 이것이 바로 미국 뉴멕시코 주에 25m 크기의 전파망원경 27대가 Y자로 배치된 VLA다. VLA는

여러 대의 전파망원경을 하나처럼 사용할 수 있기 때문에 전파 영역에서 지상의 광학망원경보다 뛰어난 분해능을 갖는다.

이제 VLA로 M87의 제트를 관측한 결과로 돌아가자. 전파로 관측한 결과, 은하 중심에서 거대한 물줄기처럼 생긴 구조가 뻗어 나오는 모습이 포착되었다. 어찌 보면 거대한 물방울이 방울방울 이어진 것처럼도 보인다. 이것은 사실 은하 중심에서 나오는 제트가 전파 영역에서 잡힌 광경이다. 은하 중심의 무거운 천체에서 아원자 입자들(subatomic particles)이 강하게 뿜어져 나오는 현상으로 해석된다.

1998년 2월에는 NASA의 허블 우주망원경이 거대 타원은하 M87을 가시광선으로 자세하게 관측했다. 역시 가시광선의 사진에서도 은하 중심의 핵에서 뻗어 나오는 제트를 확인할 수 있었다. 이것은 고속으로 가속된 전자에서 나오는 현상이다. 이 제트는 은하 중심에 있는, 태양 질량의 30억 배나 되는 천체에 의해 만들어진 것으로 보인다.

드디어 1999년 3월에는 M87 중심에서 나오는 제트의 모습이 좀더 적나라하게 드러났다. 미국의 우주망원경연구소의 천문학자들이 전파망원경의 초장기선 배열인 VLBA(Very Long Baseline Array)를 동원해 VLA나 허블 우주망원경보다 더 세밀하게 관측했기 때문이다. VLBA는 VLA보다 훨씬 더 넓은 지역에 있는 여러 대의 전파망원경을 한 대처럼 사용하기 때문에 VLA보다 훨씬 더 높은 분해능을 갖는다. 구체적으로 VLBA는 미국 본토, 하와이, 버진아일랜드에 있는 지름 15m 전파망원

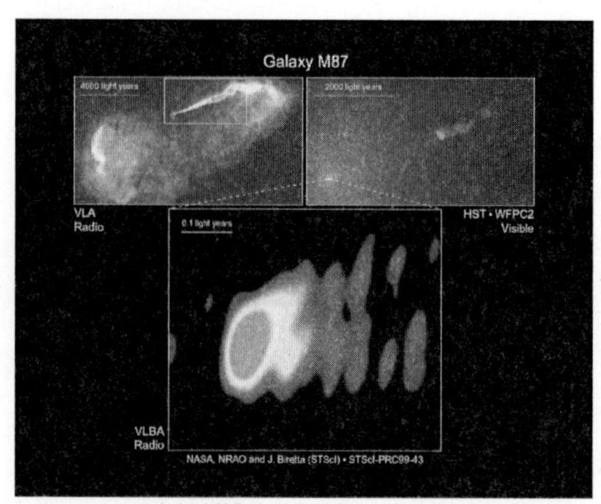

거대 타원은하 M87에서 나오는 제트.
각각 VLA(위 왼쪽), 허블 우주망원경(위 오른쪽), VLBA(아래)로 찍은 모습.

경 10대를 연결한 것이다.

VLBA의 관측 결과, M87 중심에 있는 어마어마하게 무거운 천체로부터 아원자들이 광속에 가까운 속도로 바깥으로 분출되고 이런 흐름이 수천 광년을 뻗어 나가는 강력한 제트로 바뀌는 모습이 밝혀졌다. 이전에 VLA나 허블 우주망원경으로는 볼 수 없었던 것이다. VLA로는 중심에서 나온 아원자들의 제트만 관측됐었고, 허블 우주망원경으로는 중심핵에서 고속으로 방출되는 전자들의 제트가 드러났었다.

또 천문학자들은 VLBA 관측을 통해 M87 중심의 무거운 천체가 블랙홀이라는 사실을 알아냈다. 은하 중심에서 나오는 아원자들이 가느다란 빔(beam)으로 바뀌어 제트가 되는 과정을 제대로 설명하려면 은하 중심에 거대 블랙홀이 있어야 하기 때문이다. M87의 중심 블랙홀로 빨려 들어가는 물질은 블랙홀의 강한 중력 때문에 블랙홀 주위로 빠르게 회전하는 납작한 원반을 형성한다. 이를 '유입물질 원반(accretion disk)'이라고 한다. 블랙홀 주위의 아원자들은 이 원반의 양극에서부터 바깥으로 밀려 나간다고 생각된다. 그런데 이 원반이 회전함에 따라 원반에 걸린 자기장이 꼬이게 된다. 이때 전기를 띤 아원자들이 자기장의 영향 때문에 가느다란 빔의 형태로 바뀌어 제트를 형성하게 되는 것이다.

2000년 1월에는 NASA의 찬드라 X선 망원경이 한 은하의 모습을 X선으로 포착했다. 주인공은 겨울철 남쪽 하늘에 걸치는 별자리인 이젤 자리에 위치하기 때문에 '이젤 자리 A(Pictor A)'라는 이름을 가진다. 원래 강한 전파를 내는 은하라 전파은하로 알려져 있었다. 그런데 X선 사진에서도 무언가가 잡혔다. 은하 중심에서 나온 기다란 선이다. 마치 가느다란 물줄기 하나가 곧게 뻗어 나온 것처럼 보인다. 이것은 사실 은하 중심에서 물질이 강하게 분출되는 현상인 제트다. X선에서도 제트가 포착된 것이다. 이 은하에서 나온 제트는 무려 36만 광년에 걸쳐 뻗어 있다.

또 사진에는 제트가 뻗어나간 방향에 밝은 점이 하나 보인다. 밝은 점은 제트로 분출돼 광속에 가깝게 흐르는 입자들이 우주공간의 물질과 충돌해 빛나는 것이다. 이 점은 은하 중심으로부터 약 80만 광년이나 떨어져 있다. 우리은하의 지름이 약 10만 광년이라는 사실을 감안하면 이젤자리 A의 제트가 얼마나 멀리까지 도달하고 있는지 실감할 수 있다.

은하 중심에서 어떤 괴물이 얼마나 강력하게 쥐어짜기에 이렇게 거대한 제트가 형성될 수 있을까? 그럴듯한 대답은 역시 거대 블랙홀밖에 없다. 블랙홀로 주변 물질이 소용돌이처럼 빨려 들어가면서 유입 물질 원반을 형성할 때 블랙홀에 걸려 있던 극단적으로 강한 자기장이 꼬이는데, 유입물질 원반과 자기장의 합동작전으로 제트가 발생하는 것이다. 거대 블랙홀이 유입 물질을 무지막지하게 쥐어짜기 때문에 어마어마한 제트가 발생한다는 아이디어 말고는 뾰족한 대안이 없다. 이때 걸리는 전압은 보통 1조 V의 1억 배 정도가 된다고 한다. 이 정도는 지구에서 자연적으로 발생하는 번개에 비해 무려 최소 10조 배에 해당하는 엄청난 수치다.

우리은하 중심에 자리한 거대 블랙홀

우리은하도 은하 중심에 거대 블랙홀이 자리한다는 사실에서 예외는 아니다. 공교롭게 거대 블랙홀에 대한 아이디어가 나오던 시절인 1974년 처음으로 우리은하에서 거대 블랙홀의 그림자가 드러났다. 우리은하 중심에 있는 '궁수자리 A'라는 커다란 전파원 안에서 밀집된 전파원이 하나 발견됐던 것이다. 활동은하가 멀리 있다면 그렇게 보일 만한 모습을 한 이 천체는 '궁수자리 A*'로 명명됐다. 이후 20여 년 동안 궁수자리 A*를 전파, 가시광선 그리고 근적외선(near-infrared)으로 열

심히 관측했다.

관측 결과 우리은하의 중심을 빙빙 도는 가스와 별들의 속도가 초속 1,400㎞까지 나타났다. 이로부터 은하 중심에 태양 질량의 260만 배나 되는 '어떤 천체'가 존재하는 것으로 추정됐다. 이 천체가 과연 블랙홀일까?

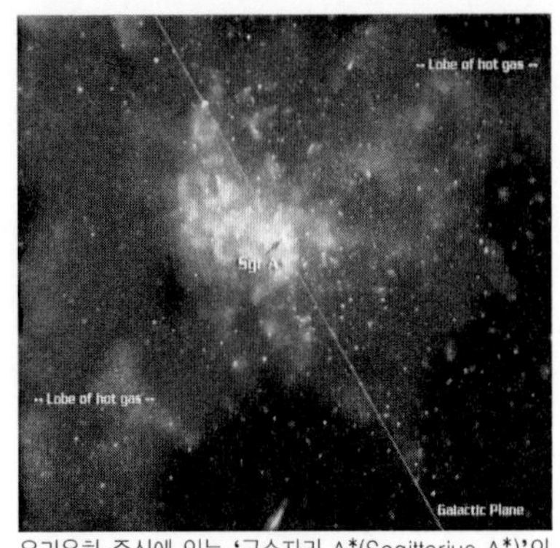

우리은하 중심에 있는 '궁수자리 A*(Sagittarius A*)'의 정체는 찬드라 망원경의 X선 관측을 통해 거대블랙홀로 드러났다.

궁수자리 A*에 대한 X선 관측이 필요했다. X선은 블랙홀로 물질이 빨려 들어갈 때 내놓는 마지막 절규일 뿐 아니라 은하 중심을 감싸고 있는 두꺼운 가스와 먼지를 뚫고 들어갈 수 있는 도구이기 때문이다. 드디어 찬드라 X선 망원경이 2000년 1월 궁수자리 A*에서 X선을 포착했다. 궁수자리 A*가 우리은하 중심에 조용히 자리잡고 있던 거대 블랙홀이라는 사실이 드러났던 것이다. 결국 우리은하 중심에 숨어 있던 거대 블랙홀의 꼬리가 밟혔던 셈이다.

2001년에는 불침번을 서고 있던 찬드라 망원경 앞에서 궁수자리 A*가 갑자기 밝아지는 현상이 벌어졌다. 수분 내에 평소 밝기의 45배나 밝아졌고 3시간 정도 후에 평소 밝기로 돌아갔다. 소행성 질량 정도의 물질이 갑자기 블랙홀에 잡아먹힐 때 발생하는 에너지로 추정됐다. 아울러 궁수자리 A*의 크기는 1,500만 ㎞로 계산됐다. 태양 주변에서 수성이 그리는 궤도의 1/4도 채 안 되는 크기다.

2002년 10월 1일 NASA 제트 추진연구소에서는 우리은하 중심에 있는 거대 블랙홀로 소용돌이치며 빨려 들어가는 먼지의 세부 모습을 공개했다. 미국 로스앤젤레스 소재 캘리포니아 대학 연구팀이 하와이에 있는 제2케크 망원경을 이용해 중적외선(mid-infrared)으로 찍은 이 모습에는 특히 '북쪽 팔(Northern Arm)'이라 불리는 가스와 먼지 흐름이 두드러졌다. 실내 온도 정도인 물체가 방출하는 중적외선은 은하 중심 주변의 별에서 나오는 가시광선을 흡수한 먼지 장막이 내놓은 것이다. 은하 중심의 거대 블랙홀은 매우 강력한 중력을 발휘하기 때문에 별들뿐만 아니라 먼지와 가스의 움직임에 영향을 미치는 것이다. 거대 블랙홀은 새로운 물질을 계속 빨아들여 몸집을 불려온 것으로 보인다.

2002년 10월 17일자 영국의 과학저널 「네이처」에는 우리은하 중심부에서 가장 가까운 별의 움직임을 관측해 거대 블랙홀의 질량을 연구한 결과가 발표됐다. 독일 막스 플랑크 우주물리연구소가 이끈 국제연구팀이 전세계에서 가장 큰 광학 망원경인 VLT(Very Large Telescope)를 이용해 10년 동안 우리은하 중심부에 있는 S2라는 별을 관측했다.

천문학자들이 관측자료를 분석하자 이 별은 은하 중심을 15.2년마다 한 바퀴씩 돌고 있는 것으로 밝혀졌다. 놀랍게도 은하 중심의 거대 블랙홀로부터 떨어진 거리는 단지 태양과 명왕성 사이 거리의 3배였다. 거대 블랙홀로부터 이 정도로 가까운 곳에서 별이 발견되기는 처음이었다.

태양보다 몇 배 큰 S2 별은 블랙홀의 사건 지평선 언저리에서 초속 5,000㎞라는 굉장한 속도로 돌고 있었기 때문에 블랙홀로부터 이렇게 가까운 곳에서도 살아남을 수 있었던 것으로 보인다. 지금은 S2 별이 안전하지만, 만일 다른 별과 충돌이라도 해서 궤도가 바뀐다면 블랙홀에 잡아먹힐 수 있다. 아무튼 천문학자들은 S2 별의 운동으로부터 거대 블랙홀의 질량을 추정할 수 있었다. 지구에서 약 2만 6,000광년 떨어진 우리은하 중심에 존재하는 거대 블랙홀의 질량은 태양 질량의 약 370만 배였다.

거대 블랙홀 탄생의 비밀

그렇다면 대부분의 은하 중심에 존재하는 거대 블랙홀은 어떻게 탄생했을까. 전문가들은 크게 세 가지 정도의 시나리오를 제시한다. 하나의 아이디어는 별의 시체인 블랙홀 하나가 형성된 후 수백만 년 동안 엄청난 양의 물질을 꿀꺽꿀꺽 삼키면서 거대 블랙홀로 성장했다는 것이다. 또 다른 가능성은 별의 시체인 블랙홀들이 군집을 이루고 있다가 서로 병합하면서 결국에는 하나의 거대 블랙홀이 되었다는 것이다. 또는 하나의 거대한 가스 구름이 뭉쳐지면서 거대 블랙홀이 탄생했을 수도 있다. 물론 전혀 다른 가능성을 생각해볼 수 있다.

2000년 6월 196차 미국천문학회에서 발표된 결과는 거대 블랙홀에 대한 많은 것을 말해준다. 미국천문학자들이 주축이 된 국제공동연구팀은 허블 우주망원경으로 관측한 30개 이상의 거대 블랙홀에 대한 연구 결과를 공개했다. 이 가운데 10개의 거대 블랙홀은 연구팀이 새로 발견한 것이다. 허블 우주망원경의 통계 조사 결과, 거대 블랙홀은 은하의 진화와 상당한 관련이 있는 것으로 밝혀졌다.

가장 중요한 사항은 거대 블랙홀의 최종 질량이 초기에 정해진 것이 아니라 은하 형성 과정에서 결정된다는 점이다. 다시 말하면 은하 중심에 자리잡은 괴물인 거대 블랙홀은 태어날 때부터 거대했던 것이 아니라 우주의 초기 형성기에 은하의 가스와 별들을 적당량씩 잡아먹으며 성장했다는 것이다. 거대 블랙홀이 은하보다 먼저 탄생한 것이 아니라 은하와 함께 진화해 왔다는 뜻이다. 또 거대 블랙홀이 성장하는 데는 은하들이 서로 충돌, 병합해 하나가 될 때 은하 중심에 있던 개개의 블랙홀들이 하나로 합쳐지는 사건도 한몫했다.

연구팀은 놀랍게도 거대 블랙홀이 한 은하의 '핵심부' 질량 가운데 정확히 0.2%(후에 나온 연구에서는 0.5%)를 차지하고 있다는 사실을 찾아냈다. 은하 핵심부란 타원은하를 구성하는 별들이나 나선은하의 중앙 팽대부(bulge) 별들을 말한다(나선은하의 경우 주변부의 나선팔을 제외한 부분이 중앙 팽대부지만, 타원은하의 경우 은하 전체가 중앙 팽대부에 해당한다고 볼 수 있다). 이 발견은 허블 우주망원경의 두 종류 관측에 근거한 것이다. 하나는 물이 하수구로 소용돌이치며 빨려들듯이 주변 가스가 블랙홀로 빨려드는 속도를 측정해 블랙홀의 질량을 알아낸 것이고, 다른 하나는 은하 중심 주변에 있는 별들의 운동을 측정해 블랙홀의 질량을 파악한 것이다. 은하의 팽대부(bulge)가 무거우면 무거울수록 별들의 속도는 점점 더 큰 것으로 밝혀졌다.

이런 경향은 은하의 규모에 따라 블랙홀의 덩치가 달라진다는 뜻이다. 즉, 작은 은하에 있는 블랙홀은 상대적으로 영양부족 상태로 단지 태양 질량의 수백만 배에 지나지 않는 반면, 거대한 은하의 중심에 자리한 블랙홀은 태양 질량의 10억 배 이상인 것이다. 특히 태양 질량의 10억 배 이상인 거대 블랙홀은 주변 가스와 별들을 너무 게걸스럽게 먹어치워 한때 우주에서 가장 밝은 천체인 퀘이사로 확 타올랐을 정도다.

허블 우주망원경의 이 같은 발견은 이전부터 의심받았던 블랙홀과 은하의 비밀스런 관계를 폭로했다. 처음으로 블랙홀의 형성과 성장이 은하 형성과 밀접하게 관련된다는 점을 밝혔던 것이다. 한 은하를 형성하는 사건과 은하의 블랙홀이 퀘이사로 빛나게 하는 사건이 사실 똑같은 사건이라는 점을 암시한다. 은하가 형성되는 초기에 거대 블랙홀이 주변 물질을 잡아먹는 것은 블랙홀 자체가 몸집을 불리는 과정일 뿐 아니라 한 은하의 진화에서 중요한 과정, 즉 퀘이사로 빛나는 시기임을 의미한다. 다시 말하면 퀘이사는 은하 중심의 블랙홀에 물질이 유입되고 블랙홀이 성장한다는 신호인 셈이다.

또한 연구팀의 결과는 우리은하처럼 작은 중앙 팽대부를 지닌 은하들의 중심에 왜 태양 질량의 수백만 배에 해당하는 자그마한 블랙홀이 자리하는지를 설명한다. 반면 거대한 타원 은하는 태양 질량의 수십억 배인 블랙홀을 지니고 있는지, 일부는 아직도 퀘이사와 비슷한 활동을 보여주는지를 말해준다. 그렇다면 중앙 팽대부가 없는 나선은하는 어떨까? 은하 중심에 블랙홀이 아예 없거나, 아니면 허블 우주망원경이 찾아내기에 너무 작은 블랙홀이 자리하고 있을 것이다.

물론 이런 결과가 초기 거대 블랙홀의 씨앗이 어디에서 생겼는지를 말해주지는 않는다. 그리고 은하 형성 과정이 왜 블랙홀이 그렇게 정확한 비율의 질량을 갖도록 만들었는지를 설명하지 못한다. 다만 분명한 것은 얼마나 많은 질량이 블랙홀로 빨려 들어가는지를 결정하는 과정이 은하 형성의 세부와 무관하게 거의 똑같은 결과를 만들어낸다는 사실이다.

아무튼 허블 우주망원경의 통계 조사 결과는 대부분의 은하 중심에 거대 블랙홀이 자리하고 있다는 점을 보여준다. 블랙홀은 여느 은하만큼이나 흔한 천체가 된 것이다. 이제 허블 우주망원경으로 관측할 수 있는 가장 작은 블랙홀을 찾는 일이 중요하다. 이 정보는 은하 형성 동안 매우 빠르게 성장한 블랙홀의 씨앗을 이해하는 데 도움을 주기 때문이다.

그렇다면 거대 블랙홀은 별 질량의 블랙홀과 아무 상관이 없을까? 거대 블랙홀보다 더 작은 블랙홀은 없을까? 2000년 9

월에는 NASA의 찬드라 X선 망원경이 별 질량의 블랙홀과 거대 블랙홀을 이어주는 중요한 성과를 거두었다. 불규칙은하 M82에서 태양 질량의 500배에 해당하는 블랙홀을 발견했던 것이다. 흥미롭게도 이 블랙홀은 M82의 중심에 위치하지 않는 것으로 밝혀졌다. 혹시 이 블랙홀은 점차 몸집을 키워가며 중심으로 자리를 옮기는 과정에 있는 것이 아닐까?

2002년 9월 17일에는 미국 우주망원경 과학연구소가 전혀 뜻하지 않은 곳에서 블랙홀을 발견했다고 발표했다. 다름 아닌 구상성단 중심부였다. 구상성단은 수만~수백만 개의 매우 늙은 별이 공 모양으로 밀집된 성단(별무리)으로 주로 은하의 외곽부(헤일로)에 위치한다. 우리은하에는 150여 개의 구상성단이 있다. 놀랍게도 구상성단 중심부에서 발견된 블랙홀은 별 질량의 블랙홀과 거대 블랙홀의 중간 크기에 해당하는 것으로 밝혀졌다. 구체적으로 우리은하에 있는 M15라는 구상성단과 안드로메다 은하에 있는 G1이라는 구상성단에서 각각 중간 크기의 블랙홀이 발견됐다. 즉 지구로부터 3만 2,000광년 떨어진 구상성단 M15에서는 태양 질량의 4,000배인 블랙홀이, 220만 광년 떨어진 안드로메다 은하의 구상성단 G1에서는 태양 질량의 2만 배인 블랙홀이 각각 포착됐던 것이다.

구상성단에서 발견된 중간 크기의 블랙홀은 별 질량의 블랙홀과 거대 블랙홀을 이어주는 고리로 보인다. 허블 우주망원경으로 관측된 거대 블랙홀들의 경우 질량이 큰 은하일수록 더 무거운 블랙홀을 갖는 것으로 밝혀졌다. 은하 중심의 거대

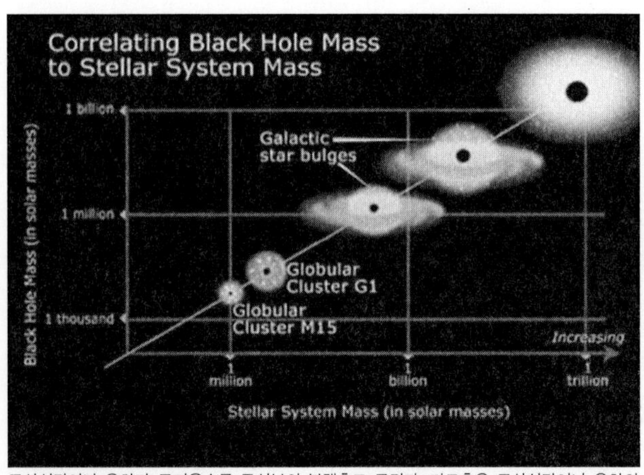

구상성단이나 은하가 무거울수록 중심부의 블랙홀도 무겁다. 가로축은 구상성단이나 은하의 질량이고, 세로축은 블랙홀의 질량이다. 도표에 그려진 천체는 왼쪽 아래부터 구상성단 M15, 구상성단 G1, 작은 나선은하, 큰 나선은하, 타원은하다.

블랙홀은 은하 질량의 약 0.5%에 해당한다. 이런 경향은 구상성단 중심부에서 발견된 중간 크기의 블랙홀에도 그대로 이어졌다. 즉, 중간 크기의 블랙홀은 구상성단 질량의 0.5%를 지닌다는 뜻이다. 이런 비율은 블랙홀의 형성과 진화에 대해 근원적인 어떤 과정이 있음을 암시하는 것이다.

구상성단의 블랙홀은 거대 블랙홀로 성장할 씨앗의 훌륭한 후보다. 구상성단은 우주에서 가장 오래된 별들을 포함하고 있다. 구상성단의 블랙홀은 성단이 형성되던 수십억 년 전에 함께 태어났을 것이다. 이 중간 크기의 블랙홀이 씨앗 역할을 해 시간에 따라 점점 성장함으로써 거대 블랙홀이 탄생했을 것으로 예측된다.

원자만한 크기의 미니 블랙홀

얼마나 큰지를 기술하는 방법에는 적어도 두 가지가 있다. 하나는 그것이 얼마나 무거운가를 따지는 것이고 다른 하나는 그것이 얼마나 넓은 공간을 차지하는가를 살피는 것이다. 먼저 블랙홀의 질량에 대해 이야기해보자.

원칙적으로 블랙홀이 가질 수 있는 질량에는 한계가 없다. 질량이 아주 작을 수도, 아주 클 수도 있다는 뜻이다. 질량에 관계없이 충분히 높은 밀도로 압축될 수만 있다면 어떤 것이라도 블랙홀이 될 수 있다. 예를 들어 사람이 블랙홀이 되려면 전자보다 1,000만 배나 작게 압축되어야만 한다. 물론 이것은 이론으로만 가능하다.

실제로 대부분의 블랙홀은 무거운 별의 시체에서 만들어진다. 이들 블랙홀은 무거운 별만큼 무게가 나갈 것이다. 이러한 블랙홀의 전형적인 질량은 태양 질량의 약 10배, 즉 10^{31}kg이다. 더 나아가 별이 진화해서 만들어질 수 있는 가장 큰 블랙홀은 태양보다 100배 무거운 정도다. 또한 천문학자들은 많은 은하들이 중심에 극단적으로 무거운 거대 블랙홀을 지니고 있다고 생각한다. 이들은 태양 질량의 약 100만 배, 즉 10^{36}kg이 나가는 것으로 보인다. 심지어는 태양보다 수조 배나 무거운 거대 블랙홀도 있다.

블랙홀은 무거우면 무거울수록 점점 더 넓은 공간을 차지한다. 사실 블랙홀의 크기인 슈바르츠실트 반지름(사건 지평선의 반지름)은 블랙홀의 질량에 직접 비례한다. 예를 들어 하나의 블랙홀이 또 하나의 블랙홀보다 10배만큼 무겁다면, 그 반지름도 10배만큼 더 크다. 태양과 질량이 같은 블랙홀은 반지름이 3㎞다. 그래서 태양 질량의 10배가 나가는 전형적인 블랙홀은 반지름이 30㎞이고 은하 중심에 있는, 태양 질량의 100만 배인 거대 블랙홀은 반지름이 300만 ㎞다. 300만 ㎞라고 하면 꽤 크다고 생각할지 모르지만, 천문학적 단위에서 보면 그리 크지 않다. 태양의 반지름이 약 70만 ㎞라는 점을 생각해보면 이를 느낄 수 있다. 거대 블랙홀은 태양보다 대략 4배 큰 반지름을 갖는 것이다.

우리 태양보다 1억 배 정도로 질량이 큰 블랙홀의 반지름은 무려 3억 ㎞나 된다. 태양과 지구 사이의 평균거리는 대략 1억 5,000만 ㎞이므로 이 블랙홀의 반지름은 태양과 화성 사이의 평균거리보다 약간 더 크다. 따라서 은하 중심에 있는 거대 블랙홀들은 그 크기가 대략 우리 태양계 만하다고 말해도 틀리지 않는다.

그렇다면 가장 작은 블랙홀과 가장 큰 블랙홀은 어떤 것일까? 이론적으로 보면 가장 작은 블랙홀의 질량은 10만분의 1g이다. 이렇게 작은 블랙홀은 '미니 블랙홀(mini black hole)'이라 불리는데, 우주가 대폭발, 즉 빅뱅(Big Bang)으로 탄생할 때 고온·고압의 상태에서 만들어졌을 것으로 보인다.

약 140억 광년 전 빅뱅으로 우주가 태어날 때 우주의 물질은 불균일한 상태였다. 일부는 블랙홀이 형성될 만큼 강하게 압축될 수 있고, 아주 작은 원자 크기의 블랙홀에서부터 지금 은하 중심에서 발견되는 것과 같은 거대 블랙홀에 이르기까지 다양한 크기의 블랙홀이 생겨날 것이다. 이들 블랙홀은 '원시 블랙홀(primordial black hole)'이라 불린다.

원시 블랙홀 가운데 아주 작은 것이 바로 미니 블랙홀이다. 빅뱅으로 탄생한 우주 초기에 미니 블랙홀들이 무수히 태어날 수 있다는 점은 옛 소련의 야코프 젤도비치(Yakov Zeldovich)와 영국의 스티븐 호킹이 각각 제안했던 것이다. 미니 블랙홀의 질량은 10만분의 1g보다 커야 하는데, 대체로 원자보다 그리 크지 않을 것으로 예상된다. 예를 들어 약 10억 톤의 질량을 갖는다고 해도 크기는 겨우 양성자(중성자와 함께 원자핵을 이루는 입자)만하다.

미니 블랙홀이 보통 천체처럼 초속 수백 ㎞의 속도로 우주 공간을 돌아다닌다면, 웬만해서는 다른 천체의 중력에 영향을 받지 않을 것이다. 하지만 미니 블랙홀이 다른 천체와 충돌한다면 상황은 달라진다. 만약 미니 블랙홀이 지구와 충돌한다면 어떻게 될까?

과학자들은 미니 블랙홀이 지구에 충돌하면 소행성이나 혜성이 지구에 충돌하는 경우와 거의 비슷한 피해를 줄 수 있다고 설명한다. 더구나 이렇게 충돌한 미니 블랙홀은 지구를 관통해 반대쪽으로 빠져나갈 것이라고 한다. 어떤 과학자들은 1908년 6월 30일 아침 시베리아의 외딴 지역인 퉁구스카(Tunguska)에서 일어났던 대폭발 사건을 마침 그곳에 떨어진 미니 블랙홀 때문이라고 주장하는 논문을 유명한 해외 과학저널에 발표하기도 했다.

100여 년 전 발생한 퉁구스카 대폭발 사건은 수천 ㎢에 달하는 지역에서 6만 그루 이상의 나무들이 불타고 넘어졌던 사건이다. 히로시마에 떨어진 원자폭탄보다 1,000배나 강한 위력이었지만, 다행히 인적이 드문 곳이라 인명 피해는 없었다. 대부분의 과학자들은 이 사건을 일으킨 주범으로 소행성이나 혜성을 지목해왔다. 그런데 흥미롭게도 보통 소행성이나 혜성이 지구에 충돌할 경우 지표면에 충돌 구덩이, 즉 크레이터(crater)가 생기는데, 퉁구스카에서는 이런 크레이터가 발견되지 않았다. 또 여러 탐사대가 퉁구스카 일대를 조사한 결과 외계물체의 파편도 찾을 수 없었다. 그래서 퉁구스카 사건은 미니 블랙홀에 의한 것이 아니냐는 주장이 설득력이 있어 보였다. 하지만 지구 반대편을 통해 무언가가 다시 나타났다는 증거가 없다는 점에서 미니 블랙홀 설도 문제가 있다.

현재 퉁구스카 대폭발 사건을 가장 잘 설명하는 것은 2001년 11월 「천문학과 천체물리학 *Astronomy and Astrophysics*」이라는 저널에 실린 논문의 내용이다. 이탈리아 천문학자 루이기 포쉬니(Luigi Foschini) 박사가 이끄는 연구팀은 직접 퉁구스카 일대를 방문해 다양한 자료를 수집해 퉁구스카에 떨어진 물체의 궤도와 폭발 지점을 알아냈다. 연구 결과, 크기 60m의 소행성이 초속 11㎞로 날아와 공중에서 폭발한 것으로 드러났다. 이 소행성은 마치 잡석이 뭉쳐져 있는 것과 같아 대기 중에서 산산이 부서졌고 단지 공중 폭발의 충격파만 지표에 도달했다고 한다.

또한 미니 블랙홀이 태양에 충돌한다면 어떻게 될까? 지구에 부딪힌다면 바로 관통할 수 있지만, 태양 정도에 부딪힌다면 상황은 다르다. 우리 태양은 질량이 지구보다 훨씬 크기 때문에 미니 블랙홀 하나 정도는 멈추게 할 수 있다. 물론 아직까지 미니 블랙홀은 발견되지 않았다.

다음으로 가장 큰 블랙홀을 생각해보자. 일단 은하 중심에 있는 거대 블랙홀이 가장 유력한 후보다. 은하의 크기가 클수록 중심에 있는 거대 블랙홀의 크기도 크기 때문에 거대한 은하 중심에 있는 거대 블랙홀이 가장 클 것으로 보인다. 지금까지 가장 큰 거대 블랙홀은 질량이 태양 질량의 수조 배, 크기는 수조 ㎞이다.

하지만 가장 큰 블랙홀에 대한 이야기는 여기서 끝나지 않는다. 한편에서는 우리우주 전체가 블랙홀이라는 주장도 제기되고 있기 때문이다. 다시 말하면 우리가 블랙홀 안에 살고 있다는 뜻인데, 너무 터무니없는 주장처럼 들린다. 그럼에도 불구하고 과학자들은 수년간 그 가능성에 대해 진지하게 연구해왔다. 물론 우리가 블랙홀 안에 살고 있다고 주장하기에는 문제점이 많다.

우선 우주의 밀도가 충분히 크지 않은 것처럼 보인다. 물론 태양 질량의 수십억 배에 달하는 질량을 갖는 블랙홀의 밀도도 물의 밀도보다 수백 배나 낮다. 그렇지만 천체의 탈출속도가 빛의 속도보다 더 크기 위해서는 아마도 크기가 140억 광년 정도인 우주 전체의 질량이 필요할 것이다. 과학자들은 우주 전체의 질량이 우주가 블랙홀이 되기에 필요한 질량에 가깝다고 보고 있다. 아울러 우주가 블랙홀이 되기 위해서는 닫힌 우주여야 하는데, 이 또한 아직까지 명확히 밝혀지지 않았다(오히려 현재로서는 우리우주가 평탄한 우주라는 의견이 지배적이다).

우리가 블랙홀 안에 살고 있다 하더라도 문제점이 있다. 어떻게 사건 지평선 안에 질량이 존재하느냐는 것이다. 물론 우주에 있는 질량이 아직은 분산되어 있는 상태이고, 미래에 언젠가는 특이점으로 붕괴될 것이라고 설명할 수 있다.

우리우주 전체가 블랙홀인가? 우리가 블랙홀 안에 살고 있는가? 이들은 매우 흥미로운 질문이지만, 현재의 과학적 성과로는 아직까지 정확하게 결론내릴 수 없는 문제다.

블랙홀과 시간여행

블랙홀에 뛰어든다면?

만일 바로 당신이 블랙홀로 뛰어든다면 어떤 일이 발생할지 상상해보자. 당신은 지금 우주선에 타고서 우리은하 중심에 있는, 태양보다 수백만 배나 무거운 거대 블랙홀로 향해 똑바로 가고 있다. 블랙홀에서부터 상당히 먼 거리에서 블랙홀로 출발할 때 당신은 로켓을 끄고 관성으로 움직인다. 무슨 일이 벌어질까?

먼저 당신은 어떤 중력도 전혀 느낄 수 없다. 당신은 자유낙하하기 때문에 당신의 몸과 우주선을 이루는 모든 부분이 똑같은 방식으로 잡아당겨지고 그래서 무중력 상태를 느낀다

(지구 궤도에 있는 우주비행사에게 일어나는 것과 똑같은 것이다. 우주비행사와 우주왕복선이 둘 다 지구의 중력에 의해 당겨짐에도 불구하고 모든 것이 정확히 똑같은 방식으로 당겨지기 때문에 어떤 중력도 느끼지 못하는 것이다). 당신은 블랙홀 중심에 점점 더 가까이 갈수록 몸의 부위에 따라 다른 '차등 중력(differential gravitation)'을 느끼기 시작한다. 만일 당신의 발이 머리보다 중심에 더 가깝다고 생각해보자. 중력의 당김은 블랙홀의 중심에 더 가까울수록 더 강하게 작용한다. 따라서 당신의 발이 머리보다 더 강한 끌림을 경험한다. 결과적으로 당신은 국수처럼 잡아 늘여진다(이 힘은 지구에서 조수간만 현상을 일으키는 힘과 똑같기 때문에 조석력(tidal force)이라고 불린다). 이 조석력은 당신이 중심에 가까이 가면 갈수록 점점 더 강해진다. 마침내는 당신을 갈가리 찢어놓을 것이다.

당신이 떨어지는 것으로 상상한 매우 커다란 블랙홀의 경우 조석력은 당신이 블랙홀 중심에서 약 60만 ㎞ 떨어진 곳에 도달해서야 실제로 현저하게 작용할 것이다. 이것은 당신이 사건 지평선을 가로지른 후라는 사실에 주목하라. 만일 당신이 더 작은 블랙홀, 가령 태양만큼 무거운 블랙홀에 떨어진다면, 당신은 블랙홀 중심에서 약 6,000㎞ 떨어져 있을 때부터 조석력 때문에 약간씩 불안하기 시작할 것이고, 사건 지평선을 통과하기 오래전에 갈가리 찢겨졌을 것이다(이것은 당신이 작은 블랙홀 대신 커다란 블랙홀에 뛰어들도록 우리가 결정했던 이유다. 당신이 적어도 안쪽으로 들어갈 때까지 살아남기를 원했던 것이다).

당신은 블랙홀로 떨어질 때 무엇을 보는가? 놀랍게도 당신은 반드시 특히 흥미로운 어떤 것을 보게 되지는 않는다. 블랙홀의 중력이 빛을 휘게 하기 때문에 멀리 있는 물체의 영상은 이상한 방식으로 왜곡될지 모르는데, 대충 그런 정도다. 특히 당신이 지평선을 통과하는 순간에 특별한 어떤 일이 발생하지는 않는다. 당신은 지평선을 가로지른 후에도 밖에 있는 물체를 볼 수 있다. 어쨌든 밖에 있는 물체에서 오는 빛은 당신에게 도달할 수 있는 것이다. 물론 당신에게서 나온 빛은 지평선을 통과해 탈출할 수 없기 때문에 밖에 있는 어느 누구도 당신을 볼 수는 없다.

전체 과정은 얼마나 오래 걸릴까? 물론 이것은 당신이 얼마나 먼 곳에서 출발하느냐에 달려 있다. 가령 당신이 특이점으로부터의 거리가 블랙홀 반지름의 10배가 되는 곳에 정지해 있다가 출발한다고 하자. 그러면 태양 질량의 100만 배인 블랙홀의 경우 당신이 지평선에 도달하는 데는 약 8분이 걸린다. 일단 당신이 훨씬 더 들어간다면, 당신이 특이점에 부딪치는 데는 단지 7초가 더 걸린다. 그런데 이 시간은 블랙홀의 크기에 비례한다. 그래서 당신이 더 작은 블랙홀에 뛰어든다면, 당신이 죽음을 맞는 시간은 훨씬 더 빨리 찾아올 것이다.

일단 당신이 지평선을 가로지른다면, 당신한테 남은 7초 동안 당신은 공포에 질려 특이점을 피하려는 필사적인 시도로 자신의 로켓을 점화하기 시작할지 모른다. 불행히도 특이점은 당신의 미래에 놓여 있고 당신의 미래를 피할 방법이 없기 때문에 이것은 가망 없는 일이다. 사실 당신이 로켓을 더 강하게 점화하면 할수록 점점 더 빨리 특이점에 부딪친다. 단지 로켓의 조종석에 깊숙이 앉아서 이 여행을 즐기는 것이 최선이다.

만일 당신 친구 주희가 안전한 거리에 가만히 앉아서 당신이 블랙홀로 뛰어드는 모습을 보고 있다면, 그녀는 어떤 광경을 보게 될까?

주희는 당신과는 꽤 다른 상황을 보게 된다. 당신이 블랙홀의 사건 지평선에 가까이 가면 갈수록 그녀는 당신이 점점 더 느리게 움직이는 광경을 본다. 하지만 그녀는 아무리 오래 기다린다 하더라도 당신이 지평선에 도달하는 모습을 결코 볼 수 없을 것이다.

사실 처음에 블랙홀을 형성했던 물질에 대해서도 어느 정도 같은 이야기를 할 수 있다. 블랙홀이 붕괴 중인 별에서 형성됐고 이 과정을 주희가 보고 있다고 가정하자. 블랙홀을 형성할 물질이 붕괴됨에 따라 주희는 블랙홀이 점점 더 작아져 슈바르츠실트 반지름(사건 지평선)에 다가가는 광경을 보게 되지만, 결코 지평선에 도달하는 모습을 보지 못한다. 이것이 블랙홀이 원래 '얼어붙은 별'이라고 불린 이유다. 블랙홀이 슈바르츠실트 반지름보다 약간 더 큰 크기에서 '얼어붙은' 것처럼 보이기 때문이다.

그녀는 왜 이런 식으로 보게 될까? 생각할 수 있는 가장 그럴듯한 방법은 이것이 실제로는 단지 착시에 지나지 않는다고 설명하는 것이다. 정말로 블랙홀이 형성되는 데는 무한대의 시간이 걸리지 않고, 당신이 지평선을 가로지르는 데도 무한대의 시간이 걸리지 않는다(당신이 필자의 말을 믿는다면, 거대 블랙홀로 뛰어들어 보라! 당신은 8분 만에 지평선을 가로지르고 단지 수초 후에 찌부러져 죽을 것이다). 당신이 지평선에 가까이 가면 갈수록, 당신이 내놓고 있는 빛은 당신 친구 주희에게 도달하는 데 점점 더 오래 걸린다. 빛이 블랙홀의 강한 중력에 점점 큰 영향을 받아 점차 에너지를 잃기 때문이다. 또 빛은 점점 더 붉게 변한다. 사실 당신이 바로 지평선을 가로지를 때 방출하는 빛은 지평선 바로 근처에서 배회하고 결코 그녀에게 도달하지 못할 것이다. 당신은 오래전에 지평선을 통과했지만, 그것을 그녀에게 말해줄 빛 신호는 무한히 오랜 시간이 흘러도 그녀에게 도달하지 못한다.

이 전체 이야기를 바라보는 또 다른 방법이 있다. 어떤 뜻으로는 시간이 지평선으로부터 먼 곳에서보다 지평선에 가까운 곳에서 진짜 더 느리게 지나간다. 블랙홀의 강한 중력이 근처의 시간과 공간을 휘게 만든 까닭이다. 당신이 우주선을 타고 지평선 바로 밖의 지점까지 몰고 간 다음, 한 동안 거기서 맴돈다(물론 블랙홀의 사건 지평선에 빠지지 않기 위해 막대한 양의 연료를 소모하면서)고 상상해보라. 그러고 나서 당신은 다시 돌아와 주희와 다시 만난다. 당신은 전체 과정 동안 그녀가 당신보다 훨씬 더 나이 먹었다는 것을 발견하게 될 것이다. 실로 시간은 그녀보다 당신에게 더 느리게 지나갔던 것이다.

이 두 가지 설명 가운데 어느 것이 진짜 맞는 것인가? 착시인가, 시간이 느리게 가는 것인가? 그 답은 당신이 블랙홀을 서술하는 데 어떤 좌표계(座標系, coordinates system)를 사용하느냐에 달려 있다. 슈바르츠실트 좌표계라 불리는 보통 좌표계에 따르면, 시간 좌표 t가 무한대일 때 당신은 지평선을 가로지른다. 그래서 이 좌표계에서는 실제로 당신이 지평선을 가로지르는 데 무한대의 시간이 걸린다. 왜냐하면 슈바르츠실트 좌표계가 지평선 근처에서 일어나는 일에 대해 극도로 왜곡된 모습을 제공하기 때문이다. 사실 바로 지평선에서 이 좌표계는 무한히 왜곡된다(표준 용어를 사용한다면 특이점 상황인 것이다). 만일 당신이 지평선 근처에서 특이점 상황에 빠지지 않는 좌표계를 선택한다면, 당신이 지평선을 가로지르는 시간은 실로 유한한 것을 발견하게 된다. 하지만 당신 친구 주희가 당신이 지평선을 가로지르는 것을 보는 데는 무한한 시간이 걸린다. 빛이 그녀에게 도달하는 데 무한대의 시간이 걸리기 때문이다. 그럼에도 불구하고 당신은 어떤 좌표계든 사용해도 좋고, 그래서 두 설명 다 타당하다. 두 가지 설명은 똑같은 상황을 기술하는 다른 방법들일 뿐이다.

실제로 당신은 너무 오랜 시간이 흐르기 전에 당신 친구 주희에게 보이지 않게 될 것이다. 한 가지는 빛이 블랙홀 근처에서 빠져나올 때 더 긴 파장의 빛으로 적색이동(redshit)한다. 즉, 붉게 보인다. 그래서 당신이 가시광선의 어떤 특정한 파장에서 빛을 방출한다면, 주희는 더 긴 파장에서 그 빛을 보게 될 것이다. 그 파장은 당신이 지평선에 가까이 가면 갈수록 점점 더 길어진다. 마침내 그 빛은 가시광선 영역을 벗어나 적외선이나 전파가 될 것이다. 당연히 어느 시점에서 그 파장은 그녀가 볼 수 없을 정도로 매우 길어질 것이다. 더욱이 빛은 광자(photon)라는 개개의 입자가 다발로 방출된다는 점을 기억하라. 당신이 지평선을 가로질러 떨어질 때 광자를 방출하고 있다고 생각해보자. 어느 시점에 당신은 지평선을 가로지르기 전에 마지막 광자를 방출할 것이다. 그 광자는 어느 유한한 시간에 그녀에게 도달할 것이다. 일반적으로 태양보다 100만 배 무거운 블랙홀의 경우 한 시간도 채 안 걸린다. 그 다음에 그녀는 당신을 결코 다시 볼 수 없을 것이다. 결국 당신이 지평선을 가로지른 후에 방출한 광자들은 어느 것도 그녀에게 도달하지 않을 거란 얘기다.

블랙홀에는 털이 없다

이제까지 논의한 블랙홀은 슈바르츠실트가 이론적으로 발견한 것으로 회전하지 않는 종류다. 이런 종류를 슈바르츠실트 블랙홀이라고 부른다. 회전하지 않는 별이 붕괴되면서 블랙홀이 만들어진다면 이 블랙홀은 당연히 회전하지 않을 것이다. 슈바르츠실트 블랙홀의 구조는 비교적 간단하다. 질량 중심에 밀도가 무한대인 특이점(singularity)이 있고, 질량 중심으로부터 일정한 거리에 바깥과 단절된 지역인 사건 지평선이 존재한다. 사건 지평선은 블랙홀의 표면인 셈이다.

하지만 우주에 있는 대부분의 별들은 회전한다. 회전하는 별은 붕괴될 때도 역시 계속 회전할 것이다. 별이 블랙홀로 붕괴된다면, 현재로서는 커(kerr) 블랙홀이 되는 것이 가장 그럴듯해 보인다. 피겨스케이트 선수가 우아하게 회전하는 모습을 상상해보라. 이 선수가 회전하는 동안 자신의 팔을 몸쪽으로 끌어 잡아당긴다면 어떻게 될까? 물체의 회전운동 세기를 나타내는 물리량인 각운동량(角運動量, angular momentum)이 보존되기 때문에 몸에 팔을 붙일수록, 즉 몸의 회전 반지름이 작아질수록 점점 더 빨리 회전하게 된다. 따라서 회전하는 별은 붕괴가 진행되면서 크기가 작아질수록 더 빠르게 회전할 것이다.

회전하는 블랙홀에 대한 문제는 1963년 미국 텍사스 대학의 로이 커(Roy Kerr)가 풀었다. 그래서 회전하는 블랙홀을 커 블랙홀이라고 한다. 커 블랙홀은 슈바르츠실트 블랙홀보다 훨씬 복잡하다. 커 블랙홀은 두 개의 지평선과 고리 모양의 특이점을 갖는다. 두 개의 지평선 중 안쪽에 있는 것은 보통의 사건 지평선으로 한번 들어가면 다시 되돌아 나올 수 없는 경계다. 바깥쪽의 지평선은 적도 부분이 불룩하게 튀어나온 것으로 운동권(작용권, ergosphere)의 표면이다. 운동권은 사건 지평선 밖에 존재하는 타원형 공간으로 이곳에서는 물질이 소용돌이친다. 운동권은 블랙홀의 표면 밖에 존재하는 영역으로 지구로 말하면 대기층과 비슷한 곳이다. 운동권에 떨어진 물체는 사건 지평선으로 가는 길로만 향하지 않는다면 다시 빠져

나올 수 있다. 만일 우주에 떠돌던 가스가 운동권으로 들어온다면 블랙홀 내부가 회전하는 방향에 따라 흐르는데, 사건 지평선에 빠지기 전까지는 블랙홀 밖으로 빛이 새어나온다.

또 커 블랙홀이 슈바르츠실트 블랙홀과 다른 점은 특이점의 모양이다. 점이 아니라 고리 모양이다. 하지만 가장 중요한 차이점은 블랙홀과 관련된 웜홀(wormhole)이다. 슈바르츠실트 블랙홀에 존재하는 웜홀을 통과하려면 빛보다 더 빠른 속도가 필요하지만(사실상 슈바르츠실트 웜홀을 통과하는 것은 불가능하다), 커 블랙홀에 나타난 웜홀의 경우에는 이론상으로는 빛보다 더 느린 속도로 통과할 수 있는 것으로 밝혀졌다.

그렇다면 다른 종류의 블랙홀은 없을까? 이 질문에 답하기 위해서는 별이 붕괴될 때 어떤 특성이 살아남을 수 있는지를 떠올려 보아야 한다. 틀림없이 질량과 회전은 살아남을 것이다. 또 다른 특성은? 예를 들어 별이 전하를 띠고 있다면, 이 전하는 별이 붕괴된 후에도 살아남을 수 있다. 그러면 전하를 띤 블랙홀이 탄생하는 것이다.

하지만 전하를 띤 블랙홀이 쉽게 생길 것 같지는 않다. 전하는 별에서 쉽게 달아나고, 주변에 반대 전하가 존재한다면 중성이 되기 때문이다. 실제로 우주에 전하를 띤 별이 있는지 잘 모른다. 태양을 비롯한 대부분의 별이 중성이다. 그럼에도 불구하고 전하를 띤 블랙홀이 고려 대상임에는 틀림없다.

전하를 띤 블랙홀에 대한 문제는 이미 1916년 독일의 한스 라이스너(Hans Reissner)와 네덜란드의 구나르 노르트슈트룀

(Gunnar Nordström)에 의해 풀렸다. 전하를 띤 블랙홀은 커 블랙홀처럼 운동권, 특이점을 가진다. 또 가로지를 수 있는 웜홀도 가진다.

이제 블랙홀에서 보존되는 성질은 질량, 회전, 전하 세 가지로 압축된다. 이것은 '무모정리(無毛定理, No Hair Theorem)'라는 특이한 방법으로 증명되었다. 블랙홀이 일정한 특성만을 가질 수 있다는 사실을 '블랙홀에는 털이 없다'는 약간은 야한(?) 표현으로 나타낸 것이다. 좀더 정확히 말하면 블랙홀은 세 가닥의 털만 남은 검은 구멍이라고 좀더 적나라하게 표현할 수도 있다.

또한 이들과 함께 또 다른 종류의 블랙홀을 생각해볼 수 있다. 예를 들어 회전과 전하를 동시에 가진 블랙홀이 있을 수 있다. 이 경우는 흥미롭게도 미국 피츠버그 대학의 테드 뉴먼(Ted Newman) 교수와 그의 학생들에 의해 발견되었다.

뉴먼 교수가 학부 학생들을 대상으로 상대성이론과 블랙홀에 대해 강의할 때 전하와 회전을 둘 다 가진 블랙홀에 대한 문제가 아직 해결되지 않았다고 말했다. 학생들 중 한 명이 슈바르츠실트 블랙홀과 커 블랙홀 사이에 변환을 알 수 있다면, 이 변환이 라이스너-노르트슈트룀 블랙홀에 적용될 수 있고 이 결과가 바로 회전하면서 전하를 띤 블랙홀에 대한 해답을 줄 것이라고 지적했다. 뉴먼 교수는 이 내용을 숙제로 내주었고 그후에 전하와 회전을 동시에 갖는 블랙홀에 대한 짧은 논문이 발표되었다. 그 논문에는 뉴먼 교수와 그의 학생들의 이름이 모두 게재되었다.

웜홀과 화이트홀

블랙홀 안으로 여행하는 것은 어떤 모습일까? 이에 대해 몇 번의 컴퓨터 모의실험이 이루어졌다. 1975년 미국 캘리포니아 공과대학의 커닝햄(C. T. Cunningham)이 슈바르츠실트 블랙홀에 대해 최초의 컴퓨터 모의실험을 했다. 그후 1990년 호주 모나시 대학의 윌리엄 메첸센(William Metzenthen)이 전하를 띤 블랙홀, 즉 커 블랙홀로 확장시킨 컴퓨터 모의실험을 했다. 메첸센은 블랙홀로 다가갈 때 길고 어두운 터널에 들어가는 광경처럼 보일 것이라는 점을 알아냈다. 먼 곳에는 여러 개의 고리가 보이는데, 사건 지평선을 가로지를 때 더 밝은 고리들이 생기고, 특이점으로 가까이 다가갈수록 고리들은 커지고 결국 하나로 합쳐질 것이라고 한다. 이 고리 특이점을 잘 지나면 웜홀에 도달할 수 있다.

블랙홀에 연결된 웜홀의 매력은 알맞게 위치한 웜홀이 짧은 시간에 매우 먼 거리를 여행하는 통로나, 심지어는 '다른 우주'로 여행하는 편리하고 빠른 방법을 제공할지 모른다는 점이다. 웜홀 자체는 제쳐놓더라도 여기서 다른 우주란 우리 자신의 영역에서 완전히 분리된 시·공간의 영역이다. 아마도 웜홀의 출구는 과거에 있을지 모르기 때문에 웜홀을 통하면 시간을 거슬러 여행할 수도 있을 것이다. 커 블랙홀의 경우 이론적으로는 이런 여행이 가능하다. SF 소설이나 SF 영화에 나올 법한 매우 근사한 얘기처럼 들린다.

하지만 웜홀을 찾으러 가기 위해 연구보조금을 신청하기 전에 알아야만 하는 사실이 몇 가지 있다. 무엇보다 먼저, 웜홀의 존재 가능성이 가장 큰 문제로 다가온다. 웜홀이 수학적으로 타당한 해(解)라고 해서 실제 우주에 존재한다는 것을 의미하지는 않기 때문이다. 특히 블랙홀은 평범한 물질의 붕괴에서 태어난다고 예측되지만, 웜홀은 그렇지 않다. 만일 당신이 아무 대책 없이 블랙홀 중 하나에 뛰어든다 해도 웜홀을 통해 다른 어떤 곳에 불쑥 나타날 것이라고 기대하기 힘들다는 말이다.

물론 웜홀의 존재 가능성이 0은 아니다. 우리가 통과할 수 있을 정도로 큰 규모의 웜홀을 만들려면 '양자 웜홀(quantum wormhole)'을 키워야 한다. 양자 웜홀은 30여 년 전 존 휠러가 주장한 것이다. 원자보다 엄청 작은 크기인 10^{-33}㎝ 정도로 내려가면 플랑크 세계에 도달한다(이렇게 작은 길이는 플랑크 길이라고 부른다). 여기에서는 모든 물리법칙이 깨지고 시·공간이 뒤틀린다. 마치 광란의 춤이라도 추는 것처럼 보인다. 어떤 이는 이런 상황을 양자 요동이나 양자 거품이란 말을 동원해 설명한다. 플랑크 세계에서는 갖가지 형태의 양자 거품들이 부풀어 올랐다가 흔적도 없이 사라지는데, 양자 웜홀도 잠깐 동안 나타났다가 사라진다. 아무튼 양자 웜홀을 엄청나게 부풀릴 수 있다면 우리가 원하는 크기의 웜홀을 만들 수 있을지 모른다. 물론 이것이 어떻게 가능한지는 아직까지 알 수 없는 상태다.

실제로 우주공간에 어찌어찌 해서 웜홀이 형성됐다고 하더라도 그 웜홀은 불안정할 것이라고 과학자들은 예상한다. 약간의 동요(perturbation)가 발생한다 하더라도 웜홀은 붕괴될 것이다. 당신이 웜홀을 통해 우주여행을 하고자 하는 시도조차 이런 동요에 해당한다. 당신이 아무 조치 없이 웜홀을 통과하려면 웜홀은 붕괴되고 당신의 운명은 그것으로 끝이다.

만일 웜홀이 존재하고 안정적이라 할지라도 웜홀을 통해 여행하는 것은 그리 유쾌한 일이 못된다. 주변 별이나 우주배경에서 웜홀로 쏟아지는 빛은 매우 높은 주파수(진동수)로 청색이동(blueshift)한다. 즉, X선이나 감마선 같은 방사선이 웜홀에는 잔뜩 있다는 말이다. 당신이 웜홀을 통해 지나가려고 시도할 때, 당신의 몸은 이들 X선과 감마선으로 타버릴 것이다.

또 블랙홀에 다가감에 따라 당신의 몸에 미치는 기조력은 엄청나게 커진다. 머리와 다리에 미치는 힘의 차이가 너무 크기 때문에 당신의 몸은 스파게티처럼 늘어지다가 결국 갈가리 찢어지고 말 것이다.

끝으로 더 큰 문제는 웜홀이 일방통행만을 허용하고 출구가 없다는 점이다. 일방통행의 웜홀이란 웜홀을 통해 우주의 먼 곳으로 간다 할지라도 똑같은 웜홀을 통해 다시 돌아올 수 없다는 뜻이다. 출구가 없다는 것은 더 심각한 문제다. 블랙홀은 단지 물체를 집어삼키기만 할 뿐이다.

그렇지만 아주 희망이 없는 것은 아니다. 일반상대성이론을 표현하는 식들은 흥미로운 수학적 성질을 갖는다. 즉, 시간에 대해 대칭성을 갖는 것이다. 이 식들에 대한 어떤 해를 취한 다음, 시간이 앞으로 가는 대신 거꾸로 흘러간다고 상상할 수 있다는 의미다. 그러면 이 식들에 대한 또 하나의 타당한 해를 얻을 것이다.

만일 블랙홀을 기술하는 해에 이런 규칙을 적용한다면, 화이트홀(white hole)로 알려져 있는 또 다른 해를 얻게 된다. 블랙홀은 아무것도 빠져 나올 수 없는 공간의 영역이기 때문에 블랙홀의 시간 역전 버전은 아무것도 빠져 들어갈 수 없는 공간의 영역이다. 사실 블랙홀이 모든 것을 빨아들이기만 할 수 있듯이 화이트홀은 단지 모든 것을 내뿜을 수만 있다.

화이트홀은 일반상대성이론을 기술하는 식들에 대한 완벽히 타당한 해다. 수학적으로 잘 알려져 있지만, 이것이 실제로 우주에 존재한다는 의미는 아니다. 사실 화이트홀은 만들 수 있는 방법이 없기 때문에 거의 확실하게 존재하지 않는다고 많은 과학자들은 생각한다. 블랙홀과 화이트홀은 서로 시간 역전 관계에 있기 때문에 화이트홀을 만드는 것은 블랙홀을 파괴하는 것만큼이나 똑같은 정도로 불가능하다. 미국 예일대학의 덕 이어들리(Doug Eardley)는 화이트홀이 초기 우주에 있었다고 해도 살아남지 못했을 것이라는 비관적인 사실을 알아내기도 했다.

그럼에도 불구하고 벌레구멍이라는 뜻의 웜홀은 이론상 블랙홀과 화이트홀의 결합을 가능하게 한다. 블랙홀로 빠져들어가면 화이트홀에서 다시 튀어나올 수 있는 식으로 말이다. 사실 회전하거나 전하를 띠는 블랙홀의 내부는 상응하는 화이트홀과 연결될 수 있다. 특히 이런 블랙홀에 빠지더라도 특이점에 부딪치지 않을 수 있다. 웜홀로 연결된 화이트홀은 블랙홀과 매우 멀리 떨어진 어딘가에 있을지 모른다. 블랙홀은 우리 우주에 존재한다는 점이 거의 확실하게 밝혀진 상태지만, 화이트홀에 대해선 실낱같은 단서 하나도 잡지 못한 상태다. 혹시 화이트홀은 우리가 모르는 다른 우주에 존재하는 것이 아닐까.

타임머신 만들기

그렇다면 웜홀이 우주의 먼 거리를 짧은 시간에 여행할 수 있게 해주는 '우주 비밀통로'의 역할을 할 수는 없는 것일까? 또한 웜홀을 통해 시간을 넘나드는 여행은 더 불가능한 것일까? 사실 1970년대까지 과학자들은 웜홀에 너무 많은 문제가 있는 것처럼 생각했다. 먼 미래의 언젠가 웜홀을 가로지를 수 있다고 믿는 과학자들은 거의 없었다. 우주 비밀통로나 시간여행 도구로서의 웜홀은 SF 소설에나 나오는 존재였던 것이다.

하지만 1980년대 중반에 이르러 상황이 바뀌었다. 상황을 바꾼 것은 공교롭게도 한 편의 SF 소설이었다. 1985년 미국 코넬 대학의 천체물리학자이자 유명한 저술가인 동시에 텔레

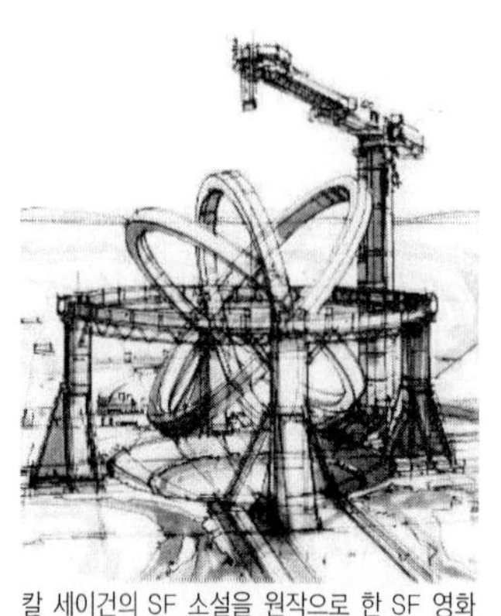
칼 세이건의 SF 소설을 원작으로 한 SF 영화 「콘택트」에 등장하는 타임머신의 스케치.

비전 스타인 칼 세이건(Carl Sagan)이 『콘택트』라는 이름의 SF 소설을 써서 발표했다. 나중에 영화로도 제작되었던 이 작품에는 웜홀을 통해 외계문명과 접촉하는 내용이 나온다. 과학적인 전개를 중시했던 세이건은 대충 내용을 얼버무리며 소설을 쓰고 싶지 않았다. 일반상대성이론에 근거해 가능하다고 인정된 사실만을 작품 속에 포함시키길 원했던 것이다.

소설 속의 여주인공 엘리 애로웨이(Ellie Arroway)는 지구에서 멀리 떨어져 있는 별로부터 이상한 전파신호를 탐지한다. 암호와 같은 그 신호를 해석하자 놀랍게도 우주공간을 통해 다른 별로 여행을 가능하게 만들어주는 신기한 '기계'에 대한 설명서를 얻는다. 세이건은 이 기계를 웜홀이라고 생각했던 것이다.

세이건은 자신의 생각이 과학적으로 타당한지 검증받고 싶었다. 그래서 세계적인 블랙홀 전문가 가운데 한 명이자 자신의 친구였던 미국 캘리포니아 공과대학의 킵 손(Kip Thorne)에게 자신의 원고를 보냈다. 손은 세이건이 웜홀을 이용해 소설을 전개했다는 사실을 알았을 때 마음이 심란해졌다. 손이 알기에는 그때까지의 웜홀은 문제점이 너무 많았기 때문이다. 하지만 어찌되었든 손은 자신의 친구를 돕고 싶었고 한편으로 세이건의 요청은 손의 호기심을 자극했다. 손은 자신의 제자인 마이클 모리스(Michael Morris)와 함께 근본적인 관점에서 웜홀의 가능성을 따져보기로 했다. 먼저 웜홀의 문제점을 해결하기 위해 아인슈타인의 방정식을 다시 검토했다. 그러자 놀랍게도 해결책을 발견할 수 있었다.

웜홀이 통과할 수 있는 영역이 되기 위해서는 몇 가지 특성을 가져야만 한다. 물체나 사람을 중력의 차이로 잡아 찢는 힘인 기조력이 약해야 하고, 누군가 웜홀을 통해 다시 돌아올 수 있도록 쌍방향이어야만 한다. 또한 웜홀을 통과하는 시간도 실제로 통과할 수 있을 만큼 적당해야 한다. 더욱이 웜홀에서 나오는 유해한 빛의 영향이 극히 적어야 하고 적당한 시간에 적당한 물질로 웜홀을 만들 수 있어야만 한다.

무엇보다 중요한 문제는 웜홀이 찌부러지는 현상을 막는 것이다. 이를 위해 웜홀은 굉장한 압력에 견딜 수 있는 특별한 물질로 가득 차야만 한다. 이것은 우리가 지금까지 알고 있던 것과는 전혀 다른 물질이다. 손은 이런 물질을 '별난 물질(exotic matter)'이라는 별난 이름을 붙였다. 별난 물질은 0보다 작은 질량을 갖고 음의 에너지를 갖는데, 중력을 받으면 땅으로 떨어지지 않고 땅에서 밀려 올라간다. 즉, 반중력을 일으키는 매우 독특한 성질을 보여주는 물질이다. 먼 미래에는 별난 물질을 웜홀이 찌부러지지 않을 정도의 양만큼 만들 수 있을지 모른다. 현재 웜홀에 대해 가장 권위 있는 전문가로 알려져 있는 매트 비서(Matt Visser) 박사는 지름 1m의 웜홀을 열어두려면 목성 질량과 맞먹는 엄청난 양만큼의 별난 물질이 필요하다고 계산하기도 했다. 비서 박사는 미국 세인트루이스 워싱턴 대학의 물리학과 교수로 있다가 최근에는 뉴질랜드 빅토리아 대학 수학과에 재직 중이다.

이제 웜홀이 우주의 두 곳을 이어주는 지름길이라는 사실을 좀더 실감나게 이해해보자. 어쩌면 웜홀은 우리우주와 다른 우주를 연결할지도 모른다. 두 지점이 얼마나 떨어져 있는가는 문제가 되지 않는다. 공간을 구부러지게 할 수 있다면 실제 거리가 얼마이든지 웜홀의 길이는 일정할 수 있다. 그래서 빛의 속도로 우주여행을 하는 것보다 빠르게 공간을 이동할 수 있다.

예를 들어 지구와 달 사이에 1m 길이의 웜홀이 연결돼 있다면, 지구에서 달 사이의 거리인 38만 4,000㎞를 웜홀을 통해 1m만 움직여 달에 갈 수 있다. 한 발짝만 옮기면 달까지 가는 것이다. 지구에서 8광년 떨어져 있는 시리우스까지도 마찬가지다. 1m짜리 웜홀이 이어져 있다면, 빛의 속도로도 8년이나 걸리는 거리를 1m만 이동해 순식간에 움직일 수 있다.

그렇다면 웜홀을 이용한 시간여행은 어떻게 가능할까? 웜홀을 이용해 타임머신을 만드는 과정을 간략히 설명하면 다음과 같다. 타임머신을 만드는 우리의 주인공은 지구에 사는 20세의 천재 과학자라고 하자. 먼저 그는 최소한 사람이나 우주선이 드나들 수 있는 웜홀을 만든다. 다음, 별난 물질을 이용해 웜홀을 안정시킨다. 웜홀을 구성하는 두 구멍 중에서 한 구멍은 지구에, 다른 한 구멍은 우주선에 붙인다. 과학자는 구멍이 붙어 있는 우주선에 타고 빛의 속도에 버금가는 매우 빠른 속도로 우주공간을 여행한다. 그리고 우주선이 다시 지구로 돌아갈 수 있도록 프로그램을 짜놓았다.

특수상대성이론에 따르면 움직이는 관측자의 시계는 정지한 관측자의 시계와 다르게 간다. 만일 우주선이 매우 빠르게 움직인다면 우주에서는 정지해있는 지구에서보다 시간이 느리게 흘러간다. 또 우주선의 속도가 빛의 속도에 가까우면 가까울수록 우주선의 시간은 점점 더 느리게 간다. 다시 말하면 우리의 천재 과학자가 타고 있는 우주선의 시간은 지구에서보다 훨씬 더 느리게 가는 것이다.

우주선을 타고 가던 천재 과학자가 30세가 됐을 때, 갑자기 웜홀을 통해 동년배였던 그의 친구가 찾아왔다. 그런데 그 친구는 이미 백발이 성성한 70세의 노인이 돼버린 상태였다. 40년의 세월을 사이에 두고 과거와 미래의 사람이 만난 것이다. 그러고 나서 우주선이 지구에서 발사된 지 50년 만에 천재 과학자는 웜홀을 통해 지구로 돌아왔다. 그의 나이는 아직도 30세였다. 특수상대성이론 덕분에 나이를 먹지 않은 것이다. 그러나 놀랍게도 그가 찾아온 지구에서는 50년이 아닌 10년의 세월밖에 흐르지 않았다. 즉, 우리의 천재 과학자는 40년 전의 지구를 방문한 것이다. 우리 주인공은 웜홀을 이용해 과거로 시간여행하는 타임머신을 만드는 데 성공한 것이다.

웜홀을 이용해 타임머신을 만드는 또 다른 방법이 있다. 별의 강한 중력을 이용하는 방법이다. 웜홀의 한쪽 구멍을 중성자별로 끌어다가 그 표면에 가까이 둘 수 있다면, 중성자별의 중력 때문에 그 구멍 근처에서의 시간은 느려질 것이다. 따라서 웜홀의 양쪽 구멍 사이에는 점차 시간 차이가 생길 것이다. 만일 웜홀의 양쪽 구멍을 우주공간의 적당한 곳에 고정시킨다면, 이 시간 차이는 고정될 것이다.

예를 들어 그 시간 차이가 10년이라고 하자. 한 방향으로 웜홀을 통과하는 우주비행사는 10년의 시간을 뛰어넘어 미래로 여행할 것인 반면, 다른 방향으로 웜홀을 통과하는 우주비행사는 10년의 시간을 뛰어넘어 과거로 여행할 것이다. 과거로 여행하는 우주비행사의 경우 보통 공간을 가로질러 매우 빠른 속도로 처음에 출발한 지점으로 돌아감으로써 그는 자신이 출발하기 전에 집으로 돌아갈지도 모른다. 다시 말하면 공간에 닫힌 고리는 또한 시간의 고리가 될 수 있는 셈이다. 물론 한 가지 제한점은 우주비행사가 처음 웜홀이 만들어지기 전의 시간으로 되돌아갈 수 없다는 것이다.

하지만 타임머신이 탄생하고 과거로 시간여행이 가능해진다 해도 문제점은 남아 있다. 예를 들어 당신이 젊은 시절의 당신 할아버지를 만나는 경우 곤란한 일이 발생할 수 있다. SF 영화 「터미네이터」나 「백 투 더 퓨쳐」에 나오는 설정과 비슷하다. 「터미네이터」에서는 과거로 찾아온 악한 로봇으로부터 주인공이 자신의 어머니를 구하려고 싸우고, 「백 투 더 퓨처」의 주인공은 과거의 아버지와 어머니가 사랑에 빠지도록 애를 쓴다.

가령 당신의 할아버지가 젊었을 때 수많은 범죄를 저질러 세상을 심각한 혼란에 빠뜨렸기 때문에 당신이 세상을 구하고자 과거로 시간여행을 감행했다고 하자. 당신은 할아버지를 살해하기로 결심하고 할아버지를 죽이는 일에 성공한다면 어떻게 되겠는가? 그렇다면 당신의 부모는 태어나지 못할 것이고, 물론 당신 역시 태어나지 못할 것이다. 만약 당신이 태어나지 못했다면, 과거로의 여행은 애초에 불가능할 일이 돼버린다. 당신이 할아버지를 죽일 수 있다면 당신은 할아버지를 죽일 수 없다? 우주는 이상한 모순에 빠지는 것이다. 이것이 바로 '할아버지 패러독스'다.

이 패러독스에는 해결책이 없을까? 한 가지 방법은 '평행우주(parallel universe)'를 도입하는 것이다. 할아버지가 죽는 사건이 발생하는 우주와 동시에 멀쩡히 살아가는 사건이 전개되는 우주가 나란히 존재한다는 뜻이다. 다시 말하면 당신이 과거로 시간여행한 후 세상에 심각한 혼란을 가져온 자신의 할아버지를 죽일 수 있다는 말이다. 당신이 할아버지를 죽이려고 과거로 여행하는 순간에 다른 평행우주로 가게 된다. 그 우주에서 당신이 할아버지를 죽이는 데 성공하면 그후 그 우주에는 당신은 더 이상 태어날 수 없다. 물론 할아버지를 죽인 당신은 다른 우주에서 온 존재다. 당신의 할아버지가 죽지 않아 당신이 태어날 수 있었던 우주에서 온 것이다.

갈수록 타임머신의 가능성을 생각하는 일이 쉽지 않아 보인다. 우리는 과학과 기술이 진보함에 따라 언젠가는 타임머신을 만들 수 있으리라는 희망을 품을 수 있다. 하지만 만약 그렇다면, 영국의 천재과학자 스티븐 호킹이 제기했던 문제를 떠올려 보아야 한다. 미래에서 누군가가 우리가 살고 있는 현재로 찾아와 타임머신의 제작법을 가르쳐주지 않는 이유는 도대체 무엇이냐고.

물론 이라크 태생인 영국 서레이 대학 물리학과의 짐 알칼릴리(Jim Al-Khalili) 교수는 미래에서 온 시간여행자들이 우리들 곁에 와 있지만 그 정체를 숨기고 있거나 아직까지 알려지지 않은 물리법칙 때문에 과거로의 시간여행이 금지돼 있을 수 있다고 주장한다. 아니면 시간여행자들이 우리 시대에는 별다른 흥미를 느끼지 못하고 다른 과거 시대만 방문하는 것은 아닐까.

블랙홀 뒤집기

블랙홀은 생각만큼 검지 않다

한때 블랙홀은 그냥 검기만 하고 아무것도 내놓지 않는 '놀부' 같은 존재로 알려져 있었다. 하지만 1970년대 영국의 스티븐 호킹은 블랙홀이 실제로는 완전히 검지 않다는, 즉 무언가를 내놓는다는 점을 보여주는 이론적인 주장을 제기했다. 양자역학적 효과 때문에 블랙홀이 빛을 방출하는 것이다. 이 과정은 '블랙홀 증발(black hole evaporation)', 이때 빠져 나오는 빛은 '호킹 복사(Hawking radiation)'라고 한다. 블랙홀은 증발 과정이 계속되면 완전히 사라질지도 모른다.

실제로 블랙홀 증발의 마지막 단계에서 어떤 일이 일어날

1970년대 블랙홀도 무언가를 내놓는다고 주장했던 영국의 스티븐 호킹 박사. 그는 근위축증에 걸려 휠체어 신세를 지고 있다.

지는 아무도 모른다. 일부 과학자들은 작고 안정된 블랙홀이 뒤에 남을 것이라고 생각한다. 현재 이론은 확실히 어느 한쪽이 옳다고 말할 수 있을 만큼 충분하게 확립돼 있지 않다. 물론 우주에서 블랙홀이 증발하는 예는 아직까지 관측되지 않았다. 블랙홀 증발이란 주제는 극단적으로 이론적인 것이다.

블랙홀은 어떻게 증발하는 것일까? 이 문제의 답을 이해하기 위해서는 휜 시·공간에서 양자역학적(엄밀하게 말하면 양자장론적) 계산이 어떻게 이루어지는지를 알아야 한다. 이것은 무척 어려운 작업이다. 아울러 실험으로 테스트하기에는 본질적으로 불가능한 결과를 가져온다. 물리학자들은 블랙홀 증발에 대해 예측하는 올바른 이론을 가지고 있지만, 실험적 테스트로 이것을 확인하는 것은 불가능하다고 생각한다.

이제 부정확한 방법이기는 하지만, 블랙홀이 어떻게 증발하는지 살펴보자. 물론 이보다 더 잘 이해하려면 휜 시·공간에서 전개되는 양자장이론에 대해 몇 년간 씨름하면서 배워야 한다. 하지만 블랙홀 증발을 이해하기 위해 부정확한 방법을 동원하더라도 양자역학의 기본 개념은 알아야 한다.

양자역학에는 1927년 독일의 베르너 하이젠베르크(Werner Heisenberg)가 발견한 '불확정성 원리(uncertainty principle)'가 알려져 있다. 불확정성 원리는 입자의 위치와 속도(정확히는 질량과 속도의 곱인 운동량)를 항상 동시에 측정할 수 있다고 생각했던 고전역학의 세계와는 전혀 다른 양자역학 세계를 기술한다. 양자역학의 입장에서는 입자의 위치와 속도는 동시에 확정될 수 없다. 즉, 입자의 위치를 정확히 측정하려고 하면 속도가 확정되지 않고 속도를 정하려면 위치가 확정되지 않는다는 말이다. 이를 불확정성의 원리라고 한다.

불확정성 원리의 결과 가운데 하나는 에너지보존법칙을 어길 수 있다는 것이다. 물론 아주 짧은 시간 동안에만 가능하다. 이 결과에 따르면 우주는 아무것도 없는 데서 질량과 에너지를 만들어낼 수 있다. 하지만 그 질량과 에너지는 매우 빠르게 다시 사라진다. 이렇게 이상한 현상이 나타나는 특이한 방식은 '진공 요동(vacuum fluctuation)'이나 '양자 요동(quantum fluctuation)'이라는 이름으로 불린다. 아무것도 없는 데서 난데없이 입자와 반입자(antiparticle)로 구성된 한 쌍이 나타날 수 있다. 그리고 이 한 쌍은 매우 짧은 시간 존재하고 나서 서로 소멸된다. 입자들이 생성될 때 에너지 보존이 위배되지만, 다시 입자들이 사라질 때 그 모든 에너지는 회복된다. 대부분의 상황에서 이들 입자 쌍은 관측하기 힘들 정도로 매우 빠르게 생겼다가 소멸된다. 이 모든 게 이상하게 들리지만, 과학자들은 실제로 이 진공 요동이 진짜라는 사실을 실험적으로 확인했다.

이제 이 진공 요동 가운데 하나가 블랙홀의 사건 지평선 근처에서 일어난다고 가정해보자. 한 쌍의 입자가 사건 지평선 근처에서 생겨날 때는 블랙홀의 강한 기조력 때문에 헤어지기 쉽다. 즉, 두 입자 중 하나는 지평선을 가로질러 떨어지는 반면, 다른 하나는 밖으로 탈출하는 일이 발생할지 모른다. 탈출한 입자는 블랙홀에서 에너지를 가지고 나간 것이고 멀리 떨어져 있는 어떤 관측자에게 감지될 수 있다. 그 관측자에게는 블랙홀이 막 입자 하나를 방출한 것처럼 보일 것이다. 이 과정이 반복적으로 일어나면 그 관측자가 블랙홀에서 나오는 빛의 연속적인 흐름을 보게 된다.

또한 호킹의 주장대로라면 결과적으로 블랙홀은 자신의 에너지를 잃어버리면서 점차 줄어들 것이다. 또 블랙홀에서 빛을 방출하는 속도는 질량이 줄어들수록 더 증가하는 것으로 밝혀져 있다. 그래서 블랙홀은 점점 더 강하게 빛을 방출하고 점점 더 빠르게 줄어든다. 마침내 블랙홀의 질량이 극도로 작아졌을 때 어떤 일이 발생할 것인가? 가장 그럴듯한 추측은 마지막 순간에 수백만 개의 수소폭탄이 폭발하는 것과 맞먹는 엄청난 에너지를 내면서 블랙홀이 완전히 사라지리라는 것이다. 우리에게는 거대한 폭발을 일으키는 것처럼 보일 것이다.

블랙홀에서 빛이 나온다는 말은 과거에 우리가 생각했듯이 중력 붕괴가 마지막이거나 다시 돌이킬 수 없는 현상은 아니라는 점을 뜻한다. 예를 들어 당신이 블랙홀로 뛰어들면 블랙홀의 질량이 증가하고 결국 추가된 질량에 해당하는 에너지가 빛의 형태로 우주로 되돌아올 것이다. 따라서 어떤 측면에서 당신은 순환되는 셈이다. 하지만 엄밀하게 보면 썩 내키지 않는 순환 현상이다. 당신은 이미 블랙홀 안에서 산산이 부서지고 말았기 때문이다. 블랙홀에서 밖으로 다시 나오는 입자들도 당신을 이루고 있던 입자들과 종류가 다를 것이다. 당신이 지니고 있던 특성 가운데 유일하게 살아남은 것은 바로 당신의 질량과 에너지뿐이다.

이제 호킹 복사와 관련된 또 다른 문제를 살펴보자. 블랙홀 밖에 안전하게 남아 있는 당신 친구 주희의 관점에서는 당신이 사건 지평선을 가로지르는 데 무한대의 시간이 걸린다는 사실을 알았다. 또한 블랙홀이 유한한 시간에 호킹 복사를 통해 증발한다는 것을 알았다. 그렇다면 당신이 지평선에 도달할 때까지는 블랙홀이 사라져버릴 것인가?

그렇지 않다. 주희가 당신이 지평선을 가로지르는 데 무한한 시간이 걸리는 것을 볼 것이라고 필자가 말했을 때는 증발하지 않는 블랙홀을 상상했던 것이다. 만일 블랙홀이 증발하고 있다면 그것은 상황을 변화시킨다. 당신 친구 주희는 블랙홀이 증발하는 것을 보는 정확히 똑같은 순간에 당신이 지평선을 가로지르는 것을 볼 것이다. 이것이 정말인 이유를 살펴보자.

필자가 앞에서 한 말을 기억해보라. 주희는 착시의 희생자라는 말을. 당신이 바로 지평선 근처에(하지만 아직은 지평선

밖에) 있을 때 방출한 빛은 기어 나와서 그녀에게 도달하는 데 매우 오랜 시간이 걸린다. 만일 블랙홀이 영원히 유지된다면, 그 빛은 밖으로 빠져나가는 데 오래 걸리는 길을 임의로 선택할지 모른다. 이 때문에 그녀가 매우 오랜(심지어 무한대) 시간 동안 당신이 지평선을 가로지르는 것을 보지 못한다. 하지만 일단 블랙홀이 증발해 왔다면, 당신이 이제 막 지평선을 가로지른다는 소식을 전달하는 빛이 그녀에게 도달하는 일을 막을 것은 없다. 사실 그 빛은 호킹 복사의 마지막 폭발과 똑같은 순간에 그녀에게 도달한다.

물론 그 어떤 것도 블랙홀에 뛰어든 당신과는 상관없을 것이다. 당신은 훨씬 전에 지평선을 가로지르고 특이점에 도달해 찌부러졌기 때문이다. 이런 상황은 유감이지만, 당신이 블랙홀로 뛰어들기 전에 이것을 생각했어야만 했다.

블랙홀에서 에너지 꺼내 쓰기

1969년 영국의 수학자 로저 펜로즈(Roger Penrose)는 블랙홀에서 에너지를 뽑아낼 수 있다는 흥미로운 사실을 보여주었다. 물론 실제로 블랙홀에서 에너지를 꺼내는 과정은 까다로운 일이지만, 전혀 불가능한 것은 아니다.

펜로즈는 회전하는 커 블랙홀의 운동권(작용권)을 이용해 에너지를 뽑아낼 수 있는 방법을 제안했다. 커 블랙홀의 운동권은 어떤 물체도 운동(회전)하지 않을 수 없는 영역이다. 펜로즈는 작은 공 하나가 운동권에 던져져 둘로 갈라진 후, 그 중 하나가 사건 지평선을 가로질러 블랙홀 내부에 떨어지고 다른 하나는 밖으로 탈출할 경우를 생각했다. 이때 밖으로 나온 조각은 처음에 지니고 들어갔던 에너지보다 훨씬 더 많은 에너지를 가진 상태로 탈출할 것이라는 점을 알아냈다. 이 과정은 '펜로즈 과정(Penrose process)'이라고 한다.

그렇다면 펜로즈 과정을 통해 얻어진 에너지는 어디에서 온 것일까? 물론 블랙홀 자체에서 나온 것이다. 커 블랙홀의 경우 대부분의 에너지가 회전에 갇혀 있다. 만일 펜로즈 과정을 통해 커 블랙홀에서 에너지를 뽑아낸다면, 커 블랙홀은 이전보다 더 느리게 회전할 것이다. 결국 모든 에너지를 꺼낸다면 커 블랙홀은 회전을 멈추고 슈바르츠실트 블랙홀이 된다.

또한 전하를 띤 라이스너-노르트슈트룀 블랙홀의 경우에도 비슷하게 생각해볼 수 있다. 펜로즈 과정을 통해 라이스너-노르트슈트룀 블랙홀에서 에너지를 뽑아낸다면, 이 블랙홀은 전하를 잃게 될 것이다. 물론 모든 에너지를 뽑아낸다면 모든 전하가 사라지고 슈바르츠실트 블랙홀이 될 것이다.

약간의 상상력만 발휘한다면, 펜로즈 과정을 이용해 인류의 에너지 문제를 해결할 수 있을지 모른다. 예를 들어 자그만 블랙홀을 지구 근처의 궤도에 옮겨 놓고 이 블랙홀에서 에너지를 뽑아낼 수 있는 장비를 준비한 후, 펜로즈 과정을 이용해 블랙홀에서 꺼낸 에너지를 지구로 보내는 것이다. 먼 미래에 이런 일이 가능해진다면, 인류가 수백만 년 동안 사용할 수 있는 에너지를 확보하고도 남을 것이다.

한편 블랙홀에서 에너지를 얻을 수 있는 또 다른 방법이 있다. 호킹 복사를 이용하는 것이다. 블랙홀의 증발 현상은 질량이 작으면 작을수록 더욱 두드러진다. 따라서 아주 조그만 블랙홀은 폭발이나 다름없는 과정을 거치며 엄청난 빛을 내놓는 것이다.

태양보다 몇 배 무거운 블랙홀의 경우를 예로 들어보자. 이 정도의 블랙홀이 완전히 증발하기까지는 무려 10^{66}년이나 걸린다고 한다. 140억 년 정도인 우주의 나이보다 엄청나게 더 긴 시간이 필요한 것이다. 우주 초기에 탄생한 원시 블랙홀 가운데 질량이 수십 억 톤인 것은 대략 우주의 나이 동안 빛을 내다가 수명을 다했을 것이다. 물론 이보다 더 가벼운 원시 블랙홀들은 이미 완전히 증발해 사라졌을 것이다. 하지만 이보다 약간 더 무거운 원시 블랙홀들은 아직까지도 X선이나 감마선의 형태로 빛을 발하고 있을 것이다. 실제로 이들은 약 1만 메가와트의 비율로 에너지를 내놓고 있다.

이런 블랙홀 하나는 거대한 발전소 10기를 가동시킬 수 있을 정도다. 물론 우리가 블랙홀의 에너지를 완벽하게 제어할 수 있다는 가정에서 가능한 얘기다. 하지만 실제로 블랙홀의 에너지를 사용하기는 쉽지 않을 것이다. 블랙홀은 커다란 산 하나를 원자핵 크기로 압축시켜 놓은 것이기 때문에 지구 표면에 둔다면, 땅을 뚫고 들어가고 말 것이다. 그렇다고 아주 방법이 없는 것은 아니다.

블랙홀이 내뿜는 에너지를 이용할 수 있는 장소는 지구 궤도밖에 없다. 마치 당나귀 앞에 당근을 매달아 당나귀가 쫓아오게 하듯이 블랙홀 앞에다 무거운 물체를 매단 채 블랙홀을 이끌고 지구 궤도를 도는 것이다. 무거운 물체는 우주선에 매달려서 우주선이 움직이는 대로 따라온다. 이렇게 다소 황당한 제안은 아주 먼 미래에나 가능하지 않을까 싶다.

돌아다니는 블랙홀

블랙홀은 우주 어딘가에 음흉하게 자리하고 있어 움직이지 않는다고 생각하기 쉽다. 하지만 별의 시체인 블랙홀이라면 우리 태양처럼 은하 중심을 둘레로 궤도 운동을 하고 다른 천체의 중력에 영향을 받아 그 궤도가 변하기도 한다.

만일 블랙홀이 우리 지구를 향해 돌진한다면 어떻게 될까? 모든 것을 빨아들인다는 블랙홀이 지구를 삼켜버리지 않을까? 2002년 11월 18일 미국 우주망원경과학연구소는 허블 우주망원경이 이와 같은 위험을 가진 블랙홀을 관측했다고 발표했다. 'GRO J1655-40'이라는 이름의 블랙홀이 시속 40만 ㎞의 엄청난 속도로 지구를 향하고 있다는 내용이었다. 하지만 다행히 지구로부터 6,000~9,000광년만큼 떨어진 안전한 거리를 두고 지나갈 예정이라고 한다.

보통 블랙홀은 우주 어딘가에 숨어서 주위 물질을 게걸스럽게 먹어치우는 줄 알았는데, 블랙홀이 총알처럼 빠르게 돌

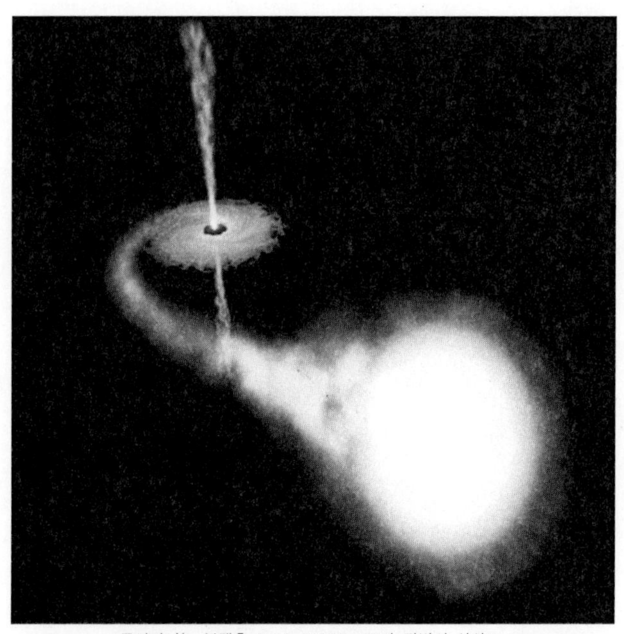

돌아다니는 블랙홀 GRO J1655-40과 짝별의 상상도.

아다닌다니 놀랍다. GRO J1655-40의 경우 돌진 속도가 블랙홀 주변에 있는 다른 별들의 평균 속도보다 4배나 빠르다고 알려졌다. 그렇다면 GRO J1655-40이 이처럼 빠른 속도로 움직이게 된 사연은 무엇일까?

천문학자들에 따르면 블랙홀의 빠른 움직임은 블랙홀이 초신성(超新星, supernova) 폭발에서 기원했다는 단서라고 한다. 무거운 별은 마지막 단계에 접어들 때 별 중심의 핵이 폭발적으로 붕괴된다. 이와 같은 붕괴는 바깥쪽으로 충격파를 발생시키며 이 충격파는 별의 바깥부분을 뿔뿔이 날려버린다. 이것이 초신성 폭발 현상이다. 이 과정에서 살아남은 핵은 태양 질량의 3.5배 이상일 경우 끝없이 붕괴를 일으켜 무한히 작고 조밀한 블랙홀이 된다. 이 상황에서 블랙홀은 초신성 폭발 때 한쪽 방향으로 발생한 추진력 덕분에 움직일 수 있다.

GRO J1655-40이 빠른 움직임을 드러낸 최초의 블랙홀은 아니다. 이전에도 우리은하 안을 떠도는 블랙홀이 발견된 적이 있다. VLBA라는 전파망원경배열과 로시 X선 우주망원경으로 움직임이 포착됐던 'XTE J1118+480'이라는 이름의 블랙홀이다. 무려 시속 48만 ㎞로 태양 근처의 은하 평면을 통과해 지나갔던 것으로 밝혀졌다. 현재 지구에서 6,000광년 떨어진 이 블랙홀에 대한 연구 결과는 2001년 9월 13일자 영국의 과학저널 「네이처」에 발표되기도 했다.

흥미로운 사실은 XTE J1118+480이 수십억 년 된 구상성단(보통은하 외곽에 위치하는 구형의 별무리)에서 튀쳐나온 것으로 보인다는 점이다. XTE J1118+480이 우리은하의 역사 초기에 거대 원시별에서 탄생했던 블랙홀 가운데 하나라는 뜻이다. GRO J1655-40과 XTE J1118+480의 경우에도 블랙홀 주변을 도는 짝별을 통해 빠른 속도의 움직임이 관측됐다. 이들 블랙홀은 짝별을 도시락처럼 데리고 다니며 짝별로부터 물질을 빼앗아 먹어왔다. 블랙홀로부터 오랫동안 물질을 빼앗겼던 XTE J1118+480의 짝별은 현재 내부가 드러난 상태라고 한다. 질량도 태양 질량의 1/3에 지나지 않는다.

블랙홀과 중력파

전하가 운동하면 주위에 전자기파를 방출하는 것처럼 질량을 가진 물체가 운동하면 주위에 중력파(gravitational wave)를 방출하게 된다. 중력파의 존재는 아인슈타인이 처음으로 예언했다. 아인슈타인은 일반상대성이론을 발표한 이듬해인 1916년에 중력파는 전자기파처럼 반드시 존재해야 한다고 말했다.

중력파는 적어도 원리적으로는 우리가 헤어지면서 손을 흔들 때도 방출된다. 이것은 마치 고요한 연못에 돌을 던졌을 때 원형의 물결이 퍼져나가는 현상에 비유될 수 있다. 중력파는 파원으로부터 에너지를 빼앗아 광속으로 전파시킨다는 특성에서 전자기파와 비슷하다. 하지만 중력파는 전자기파와 달리 그 세기가 너무 약해서 검출하기가 지극히 어렵다. 블랙홀처럼 매우 작고 무거운 천체들의 경우에만 방출되는 중력파를 측정할 가능성이 있다.

1950년대 후반 미국 메릴랜드 대학의 조지프 웨버(Joseph Weber)는 아인슈타인의 말을 굳게 믿고 안테나를 제작해 중력파를 검출하는 데 평생을 바쳤다. 하지만 중력파가 워낙 약하기 때문에 그 일은 결코 쉽지 않았다. 실제로 많은 과학자들은 중력파의 존재 자체를 믿지 않았다.

하지만 1974년 여름에 돌파구가 열렸다. 미국 매사추세츠 대학의 조지프 테일러(Joseph Taylor)와 러셀 헐스(Russell Hulse)가 독수리자리에 있는 한 쌍의 중성자별을 연구했다. 두 중성자별은 불과 태양 반지름 정도밖에 떨어져 있지 않은 거리에서 초속 300㎞ 정도의 엄청난 속도로 약 8시간마다 서로 공전하고 있다. 이 쌍성에서 중력파가 에너지를 빼앗아 달아난다면 두 별이 점점 접근하면서 공전주기가 짧아질 것이다. 약 2억 년 후에는 두 중성자별이 마침내 충돌하게 될 것이다.

테일러와 그의 동료들은 정밀한 관측 결과 공전주기가 매년 0.000075초씩 짧아지고 있다는 사실을 발견했다. 이 값은 이론적으로 계산한 결과와 정확히 일치했다. 따라서 간접적인 방법으로 중력파의 존재가 증명된 셈이다. 테일러와 헐스는 바로 이 업적 덕분에 1993년 노벨 물리학상을 수상했다.

중력파를 직접 검출하려면 어떻게 해야 할까? 거대한 블랙홀이 중력붕괴를 통해 급격하게 만들어지거나 거대한 두 블랙홀이 충돌하는 경우처럼 우주에서 강력한 중력파를 방출하는 곳에 초점을 맞추어야 할 것이다.

2002년 11월 19일 미항공우주국(NASA)은 찬드라 X선 망원경이 NGC6240이라는 하나의 은하 중심부에서 거대 블랙홀 한 쌍을 처음 관측했다고 발표했다. 강력한 X선을 방출하는 한 쌍의 블랙홀은 3,000광년 거리를 두고 시속 3만 5,000㎞로 서로를 중심으로 공전하면서 가까워지고 있는 것으로 밝혀졌다. 질량이 태양보다 수억 배에 달하는 두 거대 블랙홀은 갈수록 공전 속도가 빨라져 시속 10억 ㎞의 엄청난 속도로 충돌할 것으로 보인다.

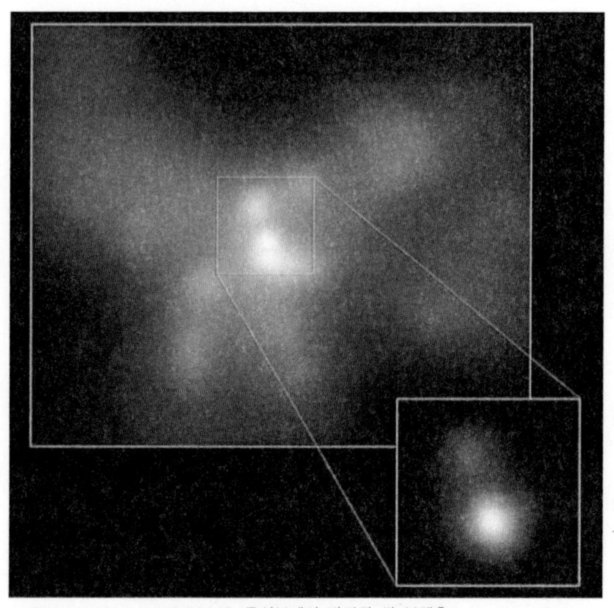

NGC6240 중심부에서 발견된 쌍 블랙홀.
이들은 앞으로 수억 년 후 충돌하면서 강력한 중력파를 내놓을 것이다.

은하 중심에서 거대한 블랙홀 두 개가 충돌하는 일은 대단히 흥미로운 일이다. 이 현상은 '생각보다 흔히' 일어나는데, 그 이유는 우주 초기 두 은하가 합쳐지는 일이 많이 일어났기 때문이다. 즉, 원래 거대한 블랙홀을 하나씩 갖고 있던 은하들이 합쳐지면서 두 블랙홀도 합쳐져 서로 공전하는 '쌍 블랙홀'이 되는 것이다.

일단 쌍 블랙홀이 되면 공전 에너지를 잃어가기 때문에 언젠가는 충돌하게 돼 있다. 질량이 대략 태양보다 100만 배에서 10억 배 더 큰 블랙홀들이 충돌한다면 광학망원경이나 전파망원경 같은 것으로 관측해도 놀라운 모습을 볼 수 있을 것이다. 예를 들면 은하 중심이 갑자기 엄청나게 밝아진다든지 할 것이다.

하지만 무엇보다도 흥미로운 사실은 이 현상이 강력한 중력파를 방출할 것이라는 데 있다. NGC6240의 거대 블랙홀 한 쌍도 앞으로 수억 년 안에 하나의 거대한 블랙홀로 합쳐지면서 어마어마한 중력파를 발산할 것으로 예측된다.

현재 중력파를 검출하기 위해 미국 워싱턴 주 핸포드와 루이지애나 주 리빙스턴 두 곳에 설치돼 있는 LIGO(Laser Interferometer Gravitational Wave Observatory, 레이저 간섭계 중력파 관측소)가 시험 관측 중에 있다. 또 프랑스와 이탈리아의 공동 연구팀도 VIRGO라 불리는 중력파 관측설비를 이탈리아 피사 근처에 건설 중이다. LIGO와 VIRGO가 동시에 가동된다면 중력파를 직접 관측할 수 있을 것이다.

더 나아가 LIGO나 VIRGO보다 훨씬 더 거창한 LISA(Laser Interferometer Space Antenna) 계획도 있다. LISA는 NASA와 유럽우주기구(ESA)가 5억 달러의 예산으로 2010년까지 중력파 관측소를 우주공간에 설치하려는 대규모 프로젝트이다. 한 변이 500만 ㎞인 정삼각형 세 꼭지점에 3기의 중력파 관측소를 우주공간에 설치해 운용하겠다는 야심찬 계획이다.

세계적인 블랙홀 박사 로저 블랜포드 인터뷰

필자는 2001년 9월 7일 제2회 고등과학원 천체물리학회에 참석하기 위해 방한한 미국 캘리포니아 공과대학의 로저 블랜포드(Roger Blandford, 54) 교수를 만났다. 블랜포드 교수는 학계의 엘리트 코스를 밟은 세계적인 석학이다. 영국 케임브리지 대학에서 박사학위를 받은 후 미국 캘리포니아 공과대학의 교수로 초빙받은 것이다. 그는 X선을 방출하는 백조자리 X-1에 블랙홀이 실재하는지를 두고 케임브리지 대학의 스티븐 호킹과 내기했던 캘리포니아 공과대학의 킵 손을 이을 만한 인물이다.

블랜포드 교수는 블랙홀, 우주론 등 이론천체물리학의 여러 주제에 대해 많은 연구업적을 남겼다. 현재 전세계 이론천체

세계적인 블랙홀 박사 로저 블랜포드(가운데).

물리학계를 주도하고 있는 대가라 할 수 있다. 어쩌면 대중적 인지도가 떨어져서 그렇지 학문적인 업적으로만 따지자면 스티븐 호킹에 버금갈지 모른다는 평가를 받는다.

인생도 블랙홀처럼 일방통행

주변의 가스를 빨아들이는 블랙홀은 사방으로 강력한 에너지를 방출하기도 하다. 블랜포드 박사는 1977년 블랙홀에서 거대한 에너지를 만들어내는 중요한 과정을 최초로 제시하기도 했다.

이번에 한국 방문이 처음이라는 블랜포드 교수는 "며칠간의 한국 생활에 만족한다"며 인사말을 건넸다. 어린 시절을 묻는 질문에 그는 "지방도서관에서 책을 많이 읽었다"고 말하며 처음에는 물리학에 관련된 책을 주로 읽다가 천문학 책에 더 재미를 느꼈다고 밝혔다. 책을 빨리 읽는 속독에 능하다는 얘기도 나중에 전해 듣게 됐다. 인터뷰에서 그는 영국의 흐린 날씨 때문에 어렸을 때 별을 보지 못했던 것이 안타까웠다는 말도 덧붙였다.

이번 학회의 주제인 블랙홀 분야에 대해 몇 가지를 질문했다. 보이지 않는 블랙홀을 어떻게 알 수 있느냐는 질문에 블랜포드 교수는 "간접적으로 확인할 수 있다"고 말하면서 블랙홀로 유입되는 물질이 형성하는 원반에서 나오는 고에너지 빛인 자외선과 X선을 관측해 블랙홀 여부를 알아낼 수 있다고 설명했다. 얼마 전까지는 일본의 아스카 위성이, 최근에는 유럽의 XMM-뉴턴 위성과 미국의 찬드라 X선 위성이 이를 관측해 왔다고 덧붙였다.

블랙홀 분야에서 최근에 가장 큰 업적을 묻는 질문에 그는 세 가지를 꼽았다. 하나는 대부분의 은하 중심에서 거대한 블랙홀을 발견한 것이고, 다른 하나는 별의 마지막 단계로 탄생하는 블랙홀을 20-30개 정도 발견한 것이며, 나머지 하나는 실제로 사건의 지평선 바로 밖에서 광속에 가깝게 블랙홀로 빨려 들어가는 가스를 관측한 것이다.

블랙홀로 빨려 들어가는 물체(사람)가 멈춰 있는 것처럼 보이는 이유에 대해 묻자, 그는 블랙홀 밖의 관측자에게만 그렇게 보이는 현상일 뿐이라고 설명했다. 블랙홀로 떨어지는 사람은 그대로 블랙홀로 빨려 들어가 다시 되돌아 나올 수 없다며, "인생도 이처럼 일방통행"이라고 자신의 인생관을 잠시

내비쳤다.

블랙홀은 우주진화에 어떤 영향을 미칠까. 그는 퀘이사에 대해 언급했다. 퀘이사는 태양계만한 크기로 은하 1,000개에 해당하는 밝기를 갖는 천체이며, 블랙홀이 우주의 나이가 6억 년일 때 만들어진 이 천체에 에너지를 제공하고 있다는 설명이다.

블랙홀에서 에너지 꺼내는 연구

블랜포드 교수에게 자신의 일생에서 가장 큰 업적이 무엇이냐고 질문하자, 그는 한바탕 크게 웃더니 "로만 즈나이엑(Roman Znajek) 등의 동료와 가장 재미있고 신나게 연구했다"는 약간은 동문서답을 했다. 1977년 즈나이엑과 함께 연구했던 업적을 말하는 것 같았다.

이것은 '블랜포드-즈나이엑 과정'이라고 알려져 있는데, 블랙홀에서 거대한 에너지를 만들어내는 중요한 과정을 최초로 설명한 이론이다. 즉, 자기장이 걸린 거대 블랙홀이 돌고 있을 때 마치 발전기와 같이 엄청난 에너지를 쏟아내는 과정을 밝혀낸 것이다. 이를 통해 퀘이사뿐만 아니라 최근에 주목받는 감마선 폭발 현상을 설명할 수 있다.

요즘 어떤 연구를 하느냐는 질문에 그는 최근 블랙홀 분야로 다시 컴백했고, 우주선(cosmic ray)기원과 중력 렌즈에 대해서도 연구 중이라고 대답했다. 천체물리 분야의 다양한 주제를 연구하고 있음을 알 수 있었다.

그리고 미래에 재미있을 만한 주제에 대해 묻자 세 가지를 손꼽았다. 먼저 우주에서 어느 시기에 어떻게 은하가 생성됐는지를 밝히는 은하형성이론이 밝혀져야 하고, 찬드라 망원경이 관측하는 X선·감마선과 관련된 고에너지 천문학 분야도 각광받을 것이라고 얘기했다. 또 "생명체의 문제는 근본적인 것이기 때문에 외계행성에 관한 주제도 재미있을 것"이라고 덧붙였다.

끝으로 한국의 젊은이에게 당부할 한마디를 부탁하자 블랜포드 교수는 자신의 평소 지론을 펼쳐 보였다. 현재 세계적으로 물리학과 천문학을 공부하려는 학생들이 줄고 있다는 안타까움을 토로한 뒤, "우주는 젊은이들이 도전할 만한 대상"이라며, "더 많은 한국 학생들이 세계 천문학 발전에 기여하길 바란다"고 당부했다.

한국에서도 블랜포드 교수처럼 신비로운 블랙홀에 푹 빠진 세계적인 전문가가 나오길 기대해본다. 물론 여기까지 읽은 당신이 바로 주인공일 수도 있다.

에필로그

블랙홀은 흥미로운 존재다. 과학자뿐 아니라 일반인에게도 끊임없이 상상의 나래를 펼칠 수 있는 기회를 주기 때문이다. 물질은 물론 빛까지도 빨아들이고 블랙홀 근처에서는 공간이 무지막지하게 휘어져 있으며 시간이 느리게 간다. 만일 블랙홀에 빠진다면 웜홀을 통해 우주의 다른 곳이나 과거 시대로 갈 수 있을지 모른다. 블랙홀의 이런 독특함은 많은 SF 소설이나 영화의 소재가 되었다. 본문에 소개된 「콘택트」「터미네이터」「백 투 더 퓨처」뿐 아니라 「스타트렉」「스타게이트」「사랑의 블랙홀」 등에서 블랙홀은 직·간접적으로 작가에게 영감을 주고 있다.

최근 블랙홀을 우리 주변에서 찾거나 만들려는 기발한 연구를 소개하면서 이 책을 마칠까 한다. 2002년 4월 미국 매사

추세츠 공과대학(MIT)의 조나단 펭 교수와 켄터키 대학의 알프레드 새피어 교수가 물리학 최고 권위의 저널「피지컬 리뷰 레터스 *Physical Review Letters*」에 우주에서 거의 광속으로 날아오는 입자(우주선)가 지구 대기의 입자와 충돌하면 아주 작은 블랙홀이 만들어질 수 있다는 논문을 발표했다. 이 작은 블랙홀은 우주의 거대한 블랙홀처럼 빛조차 빠져나갈 수 없을 만큼 밀도가 높지만, 질량이 양성자보다 1,000배 무겁고 크기는 현미경으로나 간신히 볼 수 있는 정도다. 또 만들어지자마자 10^{27}분의 1초 만에 증발해버려 관측이 어려웠다고 한다. 그래서 아르헨티나의 한 사막에 2004년 완공을 목표로 건설하고 있는 피에르 오거 관측소에서 1,600개의 우주선 입자검출기로 대기에서 생성되는 블랙홀을 찾아낼 계획이다.

2001년에는 미국 브라운 대학의 그렉 랜즈버그 교수와 스탠퍼드대 사바스 디모풀로스 교수가「피지컬 리뷰 레터스」에 실은 논문에서 2007년 둘레 27㎞의 세계 최강의 거대입자가속기(LHC)가 가동되면 양성자끼리의 충돌로 미니 블랙홀이 대량으로 생산될 것이라고 예언하기도 했다.

정말 블랙홀이 우리 주변에서 탄생할 수 있을지는 두고 볼 일이다. 물론 블랙홀 세계에는 우리가 이해하기 힘든 면이 너무 많으니 알 수 없는 노릇이다.

필자는 일반인의 관점에서 누구나 쉽게 읽을 수 있는 책을 쓰려고 노력했다. 아무쪼록 필자의 졸저가 블랙홀에 관심 있는 사람들에게 좋은 길잡이가 됐으면 좋겠다.

참고문헌

박석재 & 홍대길(1997), 『블랙홀 환상여행』, 과학동아, 137호, pp.56-85.

박석재 저, 『블랙홀이 불쑥불쑥』, 주니어김영사, 2000.

배리 파커 저, 이충환 역, 『상대적으로 쉬운 상대성이론』, 양문, 2002.

스티븐 호킹 저, 김동광 역, 『그림으로 보는 시간의 역사』, 까치, 1999.

앤드류 프래크노이, 데이비드 모리슨 & 시드니 울프 저, 윤홍식 외 8명 역, 『우주로의 여행』, 청범출판사, 1998.

짐 알칼릴리 저, 이경아 역, 『블랙홀, 웜홀, 타임머신』, 사이언스북스, 2003.

Mirabel, I. F. et al., "A high-velocity black hole on a Galactic-halo orbit in the solar neighbourhood", *Nature*, vol.413, 2001, pp.139-141.

Miyoshi, M. et al., "Evidence for a black hole from high rotation velocities in a sub-parsec region of NGC4258", *Nature*, vol.373, 1995, pp.127-129.

Schödel, R. et al., "A star in a 15.2-year orbit around the supermassive black hole at the centre of the Milky Way", *Nature*, vol.419, 2002, pp.694-696.

Tanaka, Y. et al., "Gravitationally redshifted emission implying an accretion disk and massive black hole in the active galaxy MCG63015", *Nature*, vol.375, 1995, pp.659-660.

프랑스엔 〈크세주〉, 일본엔 〈이와나미 문고〉, 한국에는 〈살림지식총서〉가 있습니다.

전자책 | 큰글자 | 오디오북

001 미국의 좌파와 우파 | 이주영
002 미국의 정체성 | 김형인
003 마이너리티 역사 | 손영호
004 두 얼굴을 가진 하나님 | 김형인
005 MD | 정욱식
006 반미 | 김진웅
007 영화로 보는 미국 | 김성곤
008 미국 뒤집어보기 | 장석정
009 미국 문화지도 | 장석정
010 미국 메모랜덤 | 최성일
011 위대한 어머니 여신 | 장영란
012 변신이야기 | 김선자
013 인도신화의 계보 | 류경희
014 축제인류학 | 류정아
015 오리엔탈리즘의 역사 | 정진농
016 이슬람 문화 | 이희수
017 살롱문화 | 서정복
018 추리소설의 세계 | 정규웅
019 애니메이션의 장르와 역사 | 이용배
020 문신의 역사 | 조현설
021 색채의 상징, 색채의 심리 | 박영수
022 인체의 신비 | 이성주
023 생물학무기 | 배우철
024 이 땅에서 우리말로 철학하기 | 이기상
025 중세는 정말 암흑기였나 | 이경재
026 미셸 푸코 | 양운덕
027 포스트모더니즘에 대한 성찰 | 신승환
028 조폭의 계보 | 방성수
029 성스러움과 폭력 | 류성민
030 성상 파괴주의와 성상 옹호주의 | 진형준
031 UFO학 | 성시정
032 최면의 세계 | 설기문
033 천문학 탐구자들 | 이면우
034 블랙홀 | 이충환
035 법의학의 세계 | 이윤성
036 양자 컴퓨터 | 이순칠
037 마피아의 계보 | 안혁
038 헬레니즘 | 윤진
039 유대인 | 정성호
040 M. 엘리아데 | 정진홍
041 한국교회의 역사 | 서정민
042 야웨와 바알 | 김남일
043 캐리커처의 역사 | 박창석
044 한국 액션영화 | 오승욱
045 한국 문예영화 이야기 | 김남석
046 포켓몬 마스터 되기 | 김윤아
047 판타지 | 송태현
048 르 몽드 | 최연구
049 그리스 사유의 기원 | 김재홍
050 영혼론 입문 | 이정우
051 알베르 카뮈 | 유기환
052 프란츠 카프카 | 편영수
053 버지니아 울프 | 김희정
054 재즈 | 최규용
055 뉴에이지 음악 | 양한수
056 중국의 고구려사 왜곡 | 최광식
057 중국의 정체성 | 강준영
058 중국의 문화코드 | 강진석
059 중국사상의 뿌리 | 장현근
060 화교 | 정성호
061 중국인의 금기 | 장범성
062 무협 | 문현선
063 중국영화 이야기 | 임대근
064 경극 | 송철규
065 중국적 사유의 원형 | 박정근
066 수도원의 역사 | 최형걸
067 현대 신학 이야기 | 박만
068 요가 | 류경희
069 성공학의 역사 | 정해윤
070 진정한 프로는 변화가 즐겁다 | 김학선
071 외국인 직접투자 | 송의달
072 지식의 성장 | 이한구
073 사랑의 철학 | 이정은
074 유교문화와 여성 | 김미영
075 매체 정보란 무엇인가 | 구연상
076 피에르 부르디외와 한국사회 | 홍성민
077 21세기 한국의 문화혁명 | 이정덕
078 사건으로 보는 한국의 정치변동 | 양길현
079 미국을 만든 사상들 | 정경희
080 한반도 시나리오 | 정욱식
081 미국인의 발견 | 우수근
082 미국의 거장들 | 김홍국
083 법으로 보는 미국 | 채동배
084 미국 여성사 | 이창신
085 책과 세계 | 강유원
086 유럽왕실의 탄생 | 김현수
087 박물관의 탄생 | 전진성
088 절대왕정의 탄생 | 임승휘
089 커피 이야기 | 김성윤
090 축구의 문화사 | 이은호
091 세기의 사랑 이야기 | 안재필
092 반연극의 계보와 미학 | 임준서

093 한국의 연출가들 | 김남석
094 동아시아의 공연예술 | 서연호
095 사이코드라마 | 김정일
096 철학으로 보는 문화 | 신응철
097 장 폴 사르트르 | 변광배
098 프랑스 문화와 상상력 | 박기현
099 아브라함의 종교 | 공일주
100 여행 이야기 | 이진홍
101 아테네 | 장영란
102 로마 | 한형곤
103 이스탄불 | 이희수
104 예루살렘 | 최창모
105 상트 페테르부르크 | 방일권
106 하이델베르크 | 곽병휴
107 파리 | 김복래
108 바르샤바 | 최건영
109 부에노스아이레스 | 고부안
110 멕시코 시티 | 정혜주
111 나이로비 | 양철준
112 고대 올림픽의 세계 | 김복희
113 종교와 스포츠 | 이창익
114 그리스 미술 이야기 | 노성두
115 그리스 문명 | 최혜영
116 그리스와 로마 | 김덕수
117 알렉산드로스 | 조현미
118 고대 그리스의 시인들 | 김헌
119 올림픽의 숨은 이야기 | 장원재
120 장르 만화의 세계 | 박인하
121 성공의 길은 내 안에 있다 | 이숙영
122 모든 것을 고객중심으로 바꿔라 | 안상헌
123 중세와 토마스 아퀴나스 | 박주영
124 우주 개발의 숨은 이야기 | 정홍철
125 나노 | 이영희
126 초끈이론 | 박재모 · 현승준
127 안토니 가우디 | 손세관
128 프랭크 로이드 라이트 | 서수경
129 프랭크 게리 | 이일형
130 리차드 마이어 | 이성훈
131 안도 다다오 | 임채진
132 색의 유혹 | 오수연
133 고객을 사로잡는 디자인 혁신 | 신언모
134 양주 이야기 | 김준철
135 주역과 운명 | 심의용
136 학계의 금기를 찾아서 | 강성민
137 미 · 중 · 일 새로운 패권전략 | 우수근
138 세계지도의 역사와 한반도의 발견 | 김상근
139 신용하 교수의 독도 이야기 | 신용하
140 간도는 누구의 땅인가 | 이성환
141 말리노프스키의 문화인류학 | 김용환
142 크리스마스 | 이영제
143 바로크 | 신정아
144 페르시아 문화 | 신규섭
145 패션과 명품 | 이재진
146 프랑켄슈타인 | 장정희
147 뱀파이어 연대기 | 한혜원
148 위대한 힙합 아티스트 | 김정훈
149 살사 | 최명호
150 모던 걸, 여우 목도리를 버려라 | 김주리
151 누가 하이카라 여성을 데리고 사누 | 김미지
152 스위트 홈의 기원 | 백지혜
153 대중적 감수성의 탄생 | 강심호
154 에로 그로 넌센스 | 소래섭
155 소리가 만들어낸 근대의 풍경 | 이승원
156 서울은 어떻게 계획되었는가 | 염복규
157 부엌의 문화사 | 함한희
158 칸트 | 최인숙
159 사람은 왜 인정받고 싶어하나 | 이정은
160 지중해학 | 박상진
161 동북아시아 비핵지대 | 이삼성 외
162 서양 배우의 역사 | 김정수
163 20세기의 위대한 연극인들 | 김미혜
164 영화음악 | 박신영
165 한국독립영화 | 김수남
166 영화와 샤머니즘 | 이종승
167 영화로 보는 불륜의 사회학 | 황혜진
168 J.D. 샐린저와 호밀밭의 파수꾼 | 김성곤
169 허브 이야기 | 조태동 · 송진희
170 프로레슬링 | 성민수
171 프랑크푸르트 | 이기식
172 바그다드 | 이동은
173 아테네인, 스파르타인 | 윤진
174 정치의 원형을 찾아서 | 최자영
175 소르본 대학 | 서정복
176 테마로 보는 서양미술 | 권용준
177 칼 마르크스 | 박영균
178 허버트 마르쿠제 | 손철성
179 안토니오 그람시 | 김현우
180 안토니오 네그리 | 윤수종
181 박이문의 문학과 철학 이야기 | 박이문
182 상상력과 가스통 바슐라르 | 홍명희
183 인간복제의 시대가 온다 | 김홍재
184 수소 혁명의 시대 | 김미선
185 로봇 이야기 | 김문상
186 일본의 정체성 | 김필동
187 일본의 서양문화 수용사 | 정하미
188 번역과 일본의 근대 | 최경옥
189 전쟁국가 일본 | 이성환
190 한국과 일본 | 하우봉
191 일본 누드 문화사 | 최유경
192 주신구라 | 이준섭
193 일본의 신사 | 박규태
194 미야자키 하야오 | 김윤아
195 애니메이션으로 보는 일본 | 박규태
196 디지털 에듀테인먼트 스토리텔링 | 강심호
197 디지털 애니메이션 스토리텔링 | 배주영
198 디지털 게임의 미학 | 전경란
199 디지털 게임 스토리텔링 | 한혜원
200 한국형 디지털 스토리텔링 | 이인화

201 디지털 게임, 상상력의 새로운 영토 | 이정엽
202 프로이트와 종교 | 권수영
203 영화로 보는 태평양전쟁 | 이동훈
204 소리의 문화사 | 김토일
205 극장의 역사 | 임종엽
206 뮤지엄건축 | 서상우
207 한옥 | 박명덕
208 한국만화사 산책 | 손상익
209 만화 속 백수 이야기 | 김성훈
210 코믹스 만화의 세계 | 박석환
211 북한만화의 이해 | 김성훈 · 박소현
212 북한 애니메이션 | 이대연 · 김경임
213 만화로 보는 미국 | 김기홍
214 미생물의 세계 | 이재열
215 빛과 색 | 변종철
216 인공위성 | 장영근
217 문화콘텐츠란 무엇인가 | 최연구
218 고대 근동의 신화와 종교 | 강성열
219 신비주의 | 금인숙
220 십자군, 성전과 약탈의 역사 | 진원숙
221 종교개혁 이야기 | 이성덕
222 자살 | 이진홍
223 성, 그 억압과 진보의 역사 | 윤가현
224 아파트의 문화사 | 박철수
225 권오길 교수가 들려주는 생물의 섹스 이야기 | 권오길
226 동물행동학 | 임신재
227 한국 축구 발전사 | 김성원
228 월드컵의 위대한 전설들 | 서준형
229 월드컵의 강국들 | 심재희
230 스포츠마케팅의 세계 | 박찬혁
231 일본의 이중권력, 쇼군과 천황 | 다카시로 고이치
232 일본의 사소설 | 안영희
233 글로벌 매너 | 박한표
234 성공하는 중국 진출 가이드북 | 우수근
235 20대의 정체성 | 정성호
236 중년의 사회학 | 정성호
237 인권 | 차병직
238 헌법재판 이야기 | 오호택
239 프라하 | 김규진
240 부다페스트 | 김성진
241 보스턴 | 황선희
242 돈황 | 전인초
243 보들레르 | 이건수
244 돈 후안 | 정동섭
245 사르트르 참여문학론 | 변광배
246 문체론 | 이종오
247 올더스 헉슬리 | 김효원
248 탈식민주의에 대한 성찰 | 박종성
249 서양 무기의 역사 | 이내주
250 백화점의 문화사 | 김인호
251 초콜릿 이야기 | 정한진
252 향신료 이야기 | 정한진
253 프랑스 미식 기행 | 심순철
254 음식 이야기 | 윤진아
255 비틀스 | 고영탁
256 현대시와 불교 | 오세영
257 불교의 선악론 | 안옥선
258 질병의 사회사 | 신규환
259 와인의 문화사 | 고형욱
260 와인, 어떻게 즐길까 | 김준철
261 노블레스 오블리주 | 예종석
262 미국인의 탄생 | 김진웅
263 기독교의 교파 | 남병두
264 플로티노스 | 조규홍
265 아우구스티누스 | 박경숙
266 안셀무스 | 김영철
267 중국 종교의 역사 | 박종우
268 인도의 신화와 종교 | 정광흠
269 이라크의 역사 | 공일주
270 르 코르뷔지에 | 이관석
271 김수영, 혹은 시적 양심 | 이은정
272 의학사상사 | 여인석
273 서양의학의 역사 | 이재담
274 몸의 역사 | 강신익
275 인류를 구한 항균제들 | 예병일
276 전쟁의 판도를 바꾼 전염병 | 예병일
277 사상의학 바로 알기 | 장동민
278 조선의 명의들 | 김호
279 한국인의 관계심리학 | 권수영
280 모건의 가족 인류학 | 김용환
281 예수가 상상한 그리스도 | 김호경
282 사르트르와 보부아르의 계약결혼 | 변광배
283 초기 기독교 이야기 | 진원숙
284 동유럽의 민족 분쟁 | 김철민
285 비잔틴제국 | 진원숙
286 오스만제국 | 진원숙
287 별을 보는 사람들 | 조상호
288 한미 FTA 후 직업의 미래 | 김준성
289 구조주의와 그 이후 | 김종우
290 아도르노 | 이종하
291 프랑스 혁명 | 서정복
292 메이지유신 | 장인성
293 문화대혁명 | 백승욱
294 기생 이야기 | 신현규
295 에베레스트 | 김법모
296 빈 | 인성기
297 발트3국 | 서진석
298 아일랜드 | 한일동
299 이케다 하야토 | 권혁기
300 박정희 | 김성진
301 리콴유 | 김성진
302 덩샤오핑 | 박형기
303 마거릿 대처 | 박동운
304 로널드 레이건 | 김형곤
305 셰이크 모하메드 | 최진영
306 유엔사무총장 | 김정태
307 농구의 탄생 | 손대범
308 홍차 이야기 | 정은희

309 인도 불교사 | 김미숙
310 아힌사 | 이정호
311 인도의 경전들 | 이재숙
312 글로벌 리더 | 백형찬
313 탱고 | 배수경
314 미술경매 이야기 | 이규현
315 달마와 그 제자들 | 우봉규
316 화두와 좌선 | 김호귀
317 대학의 역사 | 이광주
318 이슬람의 탄생 | 진원숙
319 DNA분석과 과학수사 | 박기원
320 대통령의 탄생 | 조지형
321 대통령의 퇴임 이후 | 김형곤
322 미국의 대통령 선거 | 윤용희
323 프랑스 대통령 이야기 | 최연구
324 실용주의 | 이유선
325 맥주의 세계 | 원융희
326 SF의 법칙 | 고장원
327 원효 | 김원명
328 베이징 | 조창완
329 상하이 | 김윤희
330 홍콩 | 유영하
331 중화경제의 리더들 | 박형기
332 중국의 엘리트 | 주장환
333 중국의 소수민족 | 정재남
334 중국을 이해하는 9가지 관점 | 우수근
335 고대 페르시아의 역사 | 유흥태
336 이란의 역사 | 유흥태
337 에스파한 | 유흥태
338 번역이란 무엇인가 | 이향
339 해체론 | 조규형
340 자크 라캉 | 김용수
341 하지홍 교수의 개 이야기 | 하지홍
342 다방과 카페, 모던보이의 아지트 | 장유정
343 역사 속의 채식인 | 이광조 (절판)
344 보수와 진보의 정신분석 | 김용신
345 저작권 | 김기태
346 왜 그 음식은 먹지 않을까 | 정한진
347 플라멩코 | 최명호
348 월트 디즈니 | 김지영
349 빌 게이츠 | 김익현
350 스티브 잡스 | 김상훈
351 잭 웰치 | 하정필
352 워렌 버핏 | 이민주
353 조지 소로스 | 김성진
354 마쓰시타 고노스케 | 권혁기
355 도요타 | 이우광
356 기술의 역사 | 송성수
357 미국의 총기 문화 | 손영호
358 표트르 대제 | 박지배
359 조지 워싱턴 | 김형곤
360 나폴레옹 | 서정복
361 비스마르크 | 김장수
362 모택동 | 김승일
363 러시아의 정체성 | 기연수
364 너는 시방 위험한 로봇이다 | 오은
365 발레리나를 꿈꾼 로봇 | 김선혁
366 로봇 선생님 가라사대 | 안동근
367 로봇 디자인의 숨겨진 규칙 | 구신애
368 로봇을 향한 열정, 일본 애니메이션 | 안병욱
369 도스토예프스키 | 박영은
370 플라톤의 교육 | 장영란
371 대공황 시대 | 양동휴
372 미래를 예측하는 힘 | 최연구
373 꼭 알아야 하는 미래 질병 10가지 | 우정헌
374 과학기술의 개척자들 | 송성수
375 레이첼 카슨과 침묵의 봄 | 김재호
376 좋은 문장 나쁜 문장 | 송준호
377 바울 | 김호경
378 테킬라 이야기 | 최명호
379 어떻게 일본 과학은 노벨상을 탔는가 | 김범성
380 기후변화 이야기 | 이유진
381 샹송 | 전금주
382 이슬람 예술 | 전완경
383 페르시아의 종교 | 유흥태
384 삼위일체론 | 유해무
385 이슬람 율법 | 공일주
386 금강경 | 곽철환
387 루이스 칸 | 김낙중 · 정태용
388 톰 웨이츠 | 신주현
389 위대한 여성 과학자들 | 송성수
390 법원 이야기 | 오호택
391 명예훼손이란 무엇인가 | 안상운
392 사법권의 독립 | 조지형
393 피해자학 강의 | 장규원
394 정보공개란 무엇인가 | 안상운
395 적정기술이란 무엇인가 | 김정태 · 홍성욱
396 치명적인 금융위기, 왜 유독 대한민국인가 | 오형규
397 지방자치단체, 돈이 새고 있다 | 최인욱
398 스마트 위험사회가 온다 | 민경식
399 한반도 대재난, 대책은 있는가 | 이정직
400 불안사회 대한민국, 복지가 해답인가 | 신광영
401 21세기 대한민국 대외전략 | 김기수
402 보이지 않는 위협, 종북주의 | 류현수
403 우리 헌법 이야기 | 오호택
404 핵심 중국어 간체자(简体字) | 김현정
405 문화생활과 문화주택 | 김용범
406 미래주거의 대안 | 김세용 · 이재준
407 개방과 폐쇄의 딜레마, 북한의 이중적 경제 | 남성욱 · 정유석
408 연극과 영화를 통해 본 북한 사회 | 민병욱
409 먹기 위한 개방, 살기 위한 핵외교 | 김계동
410 북한 정권 붕괴 가능성과 대비 | 전경주
411 북한을 움직이는 힘, 군부의 패권경쟁 | 이영훈
412 인민의 천국에서 벌어지는 인권유린 | 허만호
413 성공을 이끄는 마케팅 법칙 | 추성엽
414 커피로 알아보는 마케팅 베이직 | 김민주
415 쓰나미의 과학 | 이호준
416 20세기를 빛낸 극작가 20인 | 백승무

417 20세기의 위대한 지휘자 | 김문경
418 20세기의 위대한 피아니스트 | 노태헌
419 뮤지컬의 이해 | 이동섭
420 위대한 도서관 건축 순례 | 최정태
421 아름다운 도서관 오디세이 | 최정태
422 롤링 스톤즈 | 김기범
423 서양 건축과 실내디자인의 역사 | 천진희
424 서양 가구의 역사 | 공혜원
425 비주얼 머천다이징&디스플레이 디자인 | 강희수
426 호감의 법칙 | 김경호
427 시대의 지성, 노암 촘스키 | 임기대
428 역사로 본 중국음식 | 신계숙
429 일본요리의 역사 | 박병학
430 한국의 음식문화 | 도현신
431 프랑스 음식문화 | 민혜련
432 중국차 이야기 | 조은아
433 디저트 이야기 | 안호기
434 치즈 이야기 | 박승용
435 면(麵) 이야기 | 김한송
436 막걸리 이야기 | 정은숙
437 알렉산드리아 비블리오테카 | 남태우
438 개헌 이야기 | 오호택
439 전통 명품의 보고, 규장각 | 신병주
440 에로스의 예술, 발레 | 김도윤
441 소크라테스를 알라 | 장영란
442 소프트웨어가 세상을 지배한다 | 김재호
443 국제난민 이야기 | 김철민
444 셰익스피어 그리고 인간 | 김도윤
445 명상이 경쟁력이다 | 김필수
446 갈매나무의 시인 백석 | 이숭원
447 브랜드를 알면 자동차가 보인다 | 김흥식
448 파이온에서 힉스 입자까지 | 이강영
449 알고 쓰는 화장품 | 구희연
450 희망이 된 인문학 | 김호연
451 한국 예술의 큰 별 동랑 유치진 | 백형찬
452 경허와 그 제자들 | 우봉규
453 논어 | 윤홍식
454 장자 | 이기동
455 맹자 | 장현근
456 관자 | 신창호
457 순자 | 윤무학
458 미사일 이야기 | 박준복
459 사주(四柱) 이야기 | 이지형
460 영화로 보는 로큰롤 | 김기범
461 비타민 이야기 | 김정환
462 장군 이순신 | 도현신
463 전쟁의 심리학 | 이윤규
464 미국의 장군들 | 여영무
465 첨단무기의 세계 | 양낙규
466 한국무기의 역사 | 이내주
467 노자 | 임헌규
468 한비자 | 윤찬원
469 묵자 | 박문현
470 나는 누구인가 | 김용신
471 논리적 글쓰기 | 여세주
472 디지털 시대의 글쓰기 | 이강룡
473 NLL을 말하다 | 이상철
474 뇌의 비밀 | 서유헌
475 버트런드 러셀 | 박병철
476 에드문트 후설 | 박인철
477 공간 해석의 지혜, 풍수 | 이지형
478 이야기 동양철학사 | 강성률
479 이야기 서양철학사 | 강성률
480 독일 계몽주의의 유학적 기초 | 전홍석
481 우리말 한자 바로쓰기 | 안광희
482 유머의 기술 | 이상훈
483 관상 | 이태룡
484 가상학 | 이태룡
485 역경 | 이태룡
486 대한민국 대통령들의 한국경제 이야기 1 | 이장규
487 대한민국 대통령들의 한국경제 이야기 2 | 이장규
488 별자리 이야기 | 이형철 외
489 셜록 홈즈 | 김재성
490 역사를 움직인 중국 여성들 | 이양자
491 중국 고전 이야기 | 문승용
492 발효 이야기 | 이미란
493 이승만 평전 | 이주영
494 미군정시대 이야기 | 차상철
495 한국전쟁사 | 이희진
496 정전협정 | 조성훈
497 북한 대남 침투도발사 | 이윤규
498 수상 | 이태룡
499 성명학 | 이태룡
500 결혼 | 남정욱
501 광고로 보는 근대문화사 | 김병희
502 시조의 이해 | 임형선
503 일본인은 왜 속마음을 말하지 않을까 | 임영철
504 내 사랑 아다지오 | 양태조
505 수프림 오페라 | 김도윤
506 바그너의 이해 | 서정원
507 원자력 이야기 | 이정익
508 이스라엘과 창조경제 | 정성호
509 한국 사회 빈부의식은 어떻게 변했는가 | 김용신
510 요하문명과 한반도 | 우실하
511 고조선왕조실록 | 이희진
512 고구려조선왕조실록 1 | 이희진
513 고구려조선왕조실록 2 | 이희진
514 백제왕조실록 1 | 이희진
515 백제왕조실록 2 | 이희진
516 신라왕조실록 1 | 이희진
517 신라왕조실록 2 | 이희진
518 신라왕조실록 3 | 이희진
519 가야왕조실록 | 이희진
520 발해왕조실록 | 구난희
521 고려왕조실록 1 (근간)
522 고려왕조실록 2 (근간)
523 조선왕조실록 1 | 이성무
524 조선왕조실록 2 | 이성무

525 조선왕조실록 3 | 이성무
526 조선왕조실록 4 | 이성무
527 조선왕조실록 5 | 이성무
528 조선왕조실록 6 | 편집부
529 정한론 | 이기용
530 청일전쟁 | 이성환
531 러일전쟁 | 이성환
532 이슬람 전쟁사 | 진원숙
533 소주이야기 | 이지형
534 북한 남침 이후 3일간, 이승만 대통령의 행적 | 남정옥
535 제주 신화 1 | 이석범
536 제주 신화 2 | 이석범
537 제주 전설 1 | 이석범 (절판)
538 제주 전설 2 | 이석범 (절판)
539 제주 전설 3 | 이석범 (절판)
540 제주 전설 4 | 이석범 (절판)
541 제주 전설 5 | 이석범 (절판)
542 제주 민담 | 이석범
543 서양의 명장 | 박기련
544 동양의 명장 | 박기련
545 루소, 교육을 말하다 | 고봉만 · 황성원
546 철학으로 본 앙트러프러너십 | 전인수
547 예술과 앙트러프러너십 | 조명계
548 예술마케팅 | 전인수
549 비즈니스상상력 | 전인수
550 개념설계의 시대 | 전인수
551 미국 독립전쟁 | 김형곤
552 미국 남북전쟁 | 김형곤
553 초기불교 이야기 | 곽철환
554 한국가톨릭의 역사 | 서정민
555 시아 이슬람 | 유흥태
556 스토리텔링에서 스토리두잉으로 | 윤주
557 백세시대의 지혜 | 신현동
558 구보 씨가 살아온 한국 사회 | 김병희
559 정부광고로 보는 일상생활사 | 김병희
560 정부광고의 국민계몽 캠페인 | 김병희
561 도시재생이야기 | 윤주
562 한국의 핵무장 | 김재엽
563 고구려 비문의 비밀 | 정호섭
564 비슷하면서도 다른 한중문화 | 장범성
565 급변하는 현대 중국의 일상 | 장시,리우린,장범성
566 중국의 한국 유학생들 | 왕링윈, 장범성
567 밥 딜런 그의 나라에는 누가 사는가 | 오민석
568 언론으로 본 정부 정책의 변천 | 김병희
569 전통과 보수의 나라 영국 1-영국 역사 | 한일동
570 전통과 보수의 나라 영국 2-영국 문화 | 한일동
571 전통과 보수의 나라 영국 3-영국 현대 | 김언조
572 제1차 세계대전 | 윤형호
573 제2차 세계대전 | 윤형호
574 라벨로 보는 프랑스 포도주의 이해 | 전경준
575 미셸 푸코, 말과 사물 | 이규현
576 프로이트, 꿈의 해석 | 김석
577 왜 5왕 | 홍성화
578 소가씨 4대 | 나행주
579 미나모토노 요리토모 | 남기학
580 도요토미 히데요시 | 이계황
581 요시다 쇼인 | 이희복
582 시부사와 에이이치 | 양의모
583 이토 히로부미 | 방광석
584 메이지 천황 | 박진우
585 하라 다카시 | 김영숙
586 히라쓰카 라이초 | 정애영
587 고노에 후미마로 | 김봉식
588 모방이론으로 본 시장경제 | 김진식
589 보들레르의 풍자적 현대문명 비판 | 이건수
590 원시유교 | 한성구
591 도가 | 김대근
592 춘추전국시대의 고민 | 김현주
593 사회계약론 | 오수웅
594 조선의 예술혼 | 백형찬
595 좋은 영어, 문체와 수사 | 박종성

블랙홀

펴낸날 초판 1쇄 2003년 10월 15일
초판 5쇄 2023년 3월 30일

지은이 이충환
펴낸이 심만수
펴낸곳 (주)살림출판사
출판등록 1989년 11월 1일 제9-210호

주소 경기도 파주시 광인사길 30
전화 031-955-1350 팩스 031-624-1356
홈페이지 http://www.sallimbooks.com
이메일 book@sallimbooks.com

ISBN 978-89-522-0142-3 04080
978-89-522-0096-9 04080 (세트)

※ 값은 뒤표지에 있습니다.
※ 잘못 만들어진 책은 구입하신 서점에서 바꾸어 드립니다.